Francisco Muñoz Dávila
Enrique Suárez Silva
Mauricio Soto Gamboa

Influencia del ruido ambiental sobre aves paserinas presentes en Chile

Francisco Muñoz Dávila
Enrique Suárez Silva
Mauricio Soto Gamboa

Influencia del ruido ambiental sobre aves paserinas presentes en Chile

Editorial Académica Española

Imprint
Any brand names and product names mentioned in this book are subject to trademark, brand or patent protection and are trademarks or registered trademarks of their respective holders. The use of brand names, product names, common names, trade names, product descriptions etc. even without a particular marking in this work is in no way to be construed to mean that such names may be regarded as unrestricted in respect of trademark and brand protection legislation and could thus be used by anyone.

Cover image: www.ingimage.com

Publisher:
Editorial Académica Española
is a trademark of
International Book Market Service Ltd., member of OmniScriptum Publishing Group
17 Meldrum Street, Beau Bassin 71504, Mauritius

Printed at: see last page
ISBN: 978-613-9-46975-8

Dedicado a mis padres,
Julio y Ana María.

AGRADECIMIENTOS

Primero que todo, agradecer a mis padres por el apoyo incondicional de siempre, por la constancia y esfuerzo que nos muestran cada día, por su sabiduría, por su paciencia. A mis hermanos Valeria y Andrés, gracias por la confianza para emprender esta aventura. A mi tía y abuela, gracias por tanto.

Quiero agradecer el cariño, la amistad y la hospitalidad de quienes embellecen aún más a Valdivia, a esa gente buena que abunda en el Sur: Señora Silvia, Ivania, Pitu *belle*, Clau y Yuri. A Nico, Carito y Fito, gracias por su amistad, confianza y música, fueron fundamentales para seguir avanzando en esta travesía. Agradecer también a los compañeros que pasaron por la Cabaña, entre tanto estudio siempre hubo lugar para risas y música: Felipe Figueroa, Isaac, Lucho, Claudia, Felipe Oróstegui y Natán. A los amigos de Pompeya.

Agradezco la confianza y buena disposición que siempre tuvieron los profesionales del MMA en el levantamiento de esta tesis: Roberto Quezada, Juan Pablo Álvarez, Igor Valdebenito y Víctor Hugo Lobos.

Aprovecho la instancia para valorar la calidad académica y por sobre todo la calidad humana de los docentes, estudiantes y funcionarios de la UACh, en especial a Jorge Arenas, Mario González, Claudia Rosas y Carolina Llancamán. Agradezco de forma especial la confianza, el interés, el tiempo, la disposición y paciencia de mi profesor guía Enrique Suárez; además de la entrega del conocimiento en aves del profesor Mauricio Soto.

Finalmente, agradecer a mi dulce compañera Yanara, a la música, a la UC y a las aves cantoras que me animaban diariamente a seguir avanzando.

ÍNDICE GENERAL

RESUMEN

El ruido antropogénico tiene consecuencias negativas sobre la salud, permanencia y evolución de la fauna silvestre. Los efectos por los cuales se ha investigado tal afectación, tienen lugar en sus respuestas auditivas, fisiológicas y de comportamiento, existiendo mayores antecedentes en las aves. El presente trabajo tuvo por objetivo analizar la influencia del ruido ambiental sobre las respuestas de comportamiento en aves paserinas presentes en Chile, estudiando el enmascaramiento frecuencial de sus vocalizaciones ante el impacto de diversas fuentes de ruido. Para ello, se analizó acústicamente vocalizaciones de 49 aves paserinas, se comparó la evaluación del impacto ambiental del ruido sobre la fauna silvestre en 4 Estudios de Impacto Ambiental y se caracterizaron y seleccionaron las fuentes de ruido y aves paserinas presentes en cada proyecto. De esta manera, se determinaron las características de las fuentes de ruido que son susceptibles de generar respuestas de comportamiento de las aves paserinas presentes en cada proyecto y se diseñó una herramienta computacional capaz de visualizar el fenómeno de enmascaramiento frecuencial provocado en cada escenario. Los resultados obtenidos dan cuenta del rango de frecuencias donde se ubican las vocalizaciones de aves paserinas, mostrando un mayor enmascaramiento para las que emiten sus cantos y llamados en bandas de frecuencias graves, producto de la distribución energética del ruido ambiental. Sumado a ello, los resultados describen el contexto y los aspectos relevantes a considerar para la evaluación del impacto ambiental del ruido en Estudios de Impacto Ambiental. Finalmente, el diseño e implementación del software ejecutable da cuenta de un primer aporte en la cuantificación del impacto sobre las aves paserinas presentes en Chile, en relación al enmascaramiento frecuencial de sus vocalizaciones provocado por el ruido ambiental.

Palabras claves: comunicación acústica en animales, fauna silvestre, aves paserinas, vocalizaciones de aves, frecuencia peak, ratios críticos, ruido ambiental, enmascaramiento frecuencial, evaluación de impacto ambiental.

ABSTRACT

Anthropogenic noise has negative consequences for health, permanence and evolution of wildlife. The effects which have been investigated such involvement, they are by taking place through their hearing, physiological and behavioral responses, there more background on birds. This work aimed to analyze the influence of environmental noise on behavioral responses in passerine birds of Chile, studying the frequency masking of their vocalizations to the impact of several noise sources. For this, an acoustic analysis was performed on the vocalizations of 49 passerine birds; the environmental impact assessment of noise on wildlife was compared in 4 Environmental Impact Studies and the noise sources and passerine birds present in each project were characterized and selected. Thus, the characteristics of noise sources that are likely to generate behavioral responses of passerine bird in each project were determined, and a computational tool able to visualize the phenomenon of frequency masking caused in each scenario of the projects was designed. The results obtained show the frequency range where the vocalizations of passerine birds are located, showing a greater masking which cast their songs and calls in a low band frequencies, product of the energy distribution of environmental noise. In addition, the results describe the context and relevant aspects to consider for assessing environmental impact of noise on Environmental Impact Studies. Finally, the design and implementation of executable software is a first contribution in terms of quantifying the impact on passerine birds in Chile, in relation to the frequency masking of their vocalizations caused by environmental noise.

Keywords: acoustic communication in animals, wildlife, passerine birds, bird vocalizations, peak frequency, critical ratio, environmental noise, frequency masking, environmental impact assessment.

1. INTRODUCCIÓN

1.1   Planteamiento del tema

El sonido es uno de los mecanismos utilizados por los animales para transmitir información entre ellos, siendo posiblemente uno de los componentes más importantes en su vida, ya que se relaciona directamente con sus actividades de reproducción y sobrevivencia [McGregor. 2005]. Variadas especies utilizan su sistema auditivo en los procesos de apareamiento, localización de presas, identificación de individuos de la misma especie, detección de depredadores o procesos de nidificación, entre otros; variando entre cada grupo taxonómico sus umbrales de audición y rangos de vocalización [USEPA. 1971].

Los efectos adversos que provoca el ruido ambiental sobre la fauna, van desde la pérdida de audición, tensión, cambios metabólicos y hormonales; hasta el enmascaramiento de sus señales acústicas, lo cual puede generar modificaciones en sus vocalizaciones y comportamientos evasivos ante el impacto [Farina. 2014; Fletcher. 1971]. Según Slabbekoorn & Ripmeester (2008), el aumento en los niveles de ruido antropogénico ha provocado consecuencias negativas sobre la salud, permanencia y evolución de las especies.

Actualmente en Chile no se cuenta con una normativa ambiental que permita estimar y evaluar la afectación del ruido ambiental sobre la fauna silvestre. Ante el desconocimiento de normativas extranjeras que permitan abordar tal situación, los Titulares de proyectos y actividades que ingresan al Sistema de Evaluación de Impacto Ambiental han considerado la utilización de estudios académicos e investigaciones como referencia. Sin embargo, en éstos ha quedado de manifiesto la complejidad que tiene la cuantificación del impacto mediante respuestas fisiológicas o auditivas en la fauna silvestre, existiendo una mayor documentación e investigación para la evaluación de respuestas de comportamiento en las aves [Barber & Fristrup. 2010].

En este contexto, es necesario desarrollar e implementar herramientas que permitan generar avances en la cuantificación del impacto del ruido ambiental sobre la fauna silvestre. Por ello, en la presente investigación se analizará la influencia del ruido ambiental sobre las vocalizaciones de aves paserinas a través del estudio, caracterización y comparación de sus rangos de frecuencias, con los correspondientes a ciertas fuentes de ruido ambiental. Además, se diseña y desarrolla una herramienta computacional capaz de visualizar el fenómeno de enmascaramiento frecuencial. De esta manera, se pretende dar comienzo a una serie de nuevas metodologías que permitan evaluar y estimar el impacto del ruido ambiental sobre las especies, contribuyendo a asegurar su permanencia y conservación.

1.2   Objetivos

a) Objetivo general

- Analizar la influencia del ruido ambiental sobre las respuestas de comportamiento en aves paserinas presentes en Chile.

b) Objetivos específicos

- Analizar acústicamente las vocalizaciones de aves paserinas presentes en Chile.

- Comparar la evaluación del impacto ambiental del ruido sobre la fauna silvestre en Estudios de Impacto Ambiental.

- Determinar las características típicas del ruido ambiental susceptibles de generar respuestas de comportamiento en aves paserinas.

- Diseñar una herramienta computacional que permita visualizar el fenómeno de enmascaramiento frecuencial en las vocalizaciones de aves paserinas producto del ruido ambiental.

2. MARCO TEÓRICO

2.1   Acústica aplicada a las Ciencias Biológicas

2.1.1   Aspectos generales

La Acústica es la ciencia que estudia la producción, transmisión y percepción del sonido, tanto en el intervalo de la audición humana (20 Hz. a 20 kHz.), como en las frecuencias infrasónicas (0 a 20 Hz.) y ultrasónicas (mayores a 20 kHz.). Esta ciencia se ha convertido en un amplio campo interdisciplinario que abarca las disciplinas académicas de la Física, Ingeniería, Psicología, Música, Arquitectura, Fisiología o Neurociencias, entre otras.

La ciencia de los sonidos nace y se desarrolla como algo directamente ligado al individuo y a su interrelación con el mundo que le rodea. No existe ningún otro tipo de radiación que tenga o haya tenido tal grado de interacción con el individuo, tanto en sus aspectos negativos (e.g. ruido) como positivos (e.g. la comunicación oral o la música). En lo que se refiere a su aplicación en las ciencias de la vida, la Acústica ha sido un gran aporte para la Medicina, Biología, Fisiología y Psicología, destacándose ramas como la Biomedicina Ultrasónica, la Acústica Psicofisicológica o la Bioacústica Animal, entre otras [Gallego-Juárez. 2008].

2.1.2   Bioacústica Animal

La Bioacústica Animal, o comúnmente llamada bioacústica, estudia los sonidos de los animales, su comunicación acústica, la relación con su comportamiento, la anatomía de sus órganos de fonación y neurofisiológicos, las capacidades auditivas como la ecolocalización y el estudio de los efectos del ruido sobre los animales [Gallego-Juárez. 2008].

Según Farina (2014), en la teoría de la bioacústica existen cuatro factores que son considerados relevantes en los procesos de percepción y comunicación en la mayoría de los animales, siendo la mayoría de éstos comprobados en aves. Estos factores son:

a) <u>Factor morfológico</u>: Relaciona el peso corporal del animal con su repertorio acústico, siendo ésta una condicionante en cuanto a las bandas de frecuencias que puede emitir. En la figura 2.1 se puede observar la correlación entre la masa del animal y las frecuencias que es capaz de emitir.

b) <u>Factor de la adaptación acústica</u>: Se relaciona con los efectos o perturbaciones del medio ambiente que pueden interferir en la emisión, transmisión y recepción de la comunicación acústica. Este factor involucra directamente la influencia del ruido como impacto ambiental.

c) <u>Factor del nicho acústico</u>: Relacionado con el espacio acústico único que tiene cada especie a modo de reducir la competencia interespecífica (relaciones de diferentes especies) y optimizar los mecanismos de comunicación intraespecífica (relaciones de mismas especies).

d) <u>Factor del reconocimiento de especies</u>: Supone la reducción de vocalizaciones similares entre diferentes especies que conviven y habitan en la misma área geográfica, a modo de minimizar el riesgo de hibridización.

Cabe resaltar que, dado el contexto en que esta tesis se ubica, se considerará sólo el factor de adaptación acústica. No obstante, queda la posibilidad de emprender nuevos estudios en torno a cada factor mencionado.

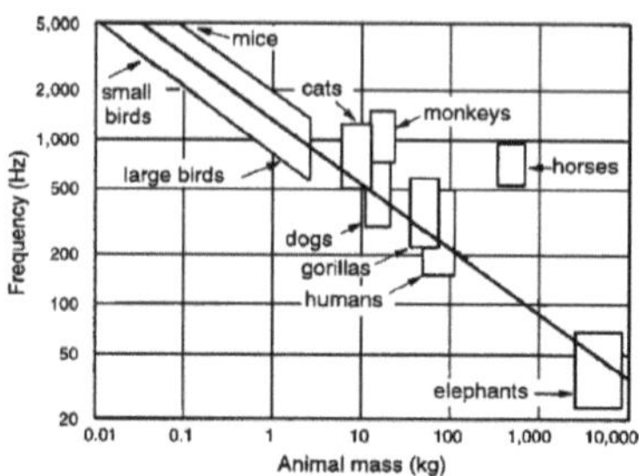

Figura 2.1. Correlación entre la masa del animal y la banda de frecuencias que puede emitir. Fuente: [Farina. 2014]

2.1.3   Factor de adaptación acústica

Ciertas comunidades de animales se basan en sus señales acústicas para realizar diversas funciones. La densidad poblacional, la señal utilizada y las condiciones ambientales, son las mayores implicancias que influyen en las relaciones acústicas. Los efectos del medio ambiente que pueden contribuir a modificar las señales, tienen lugar en las condiciones de la topografía, densidad de vegetación o la presencia de ruido, ya sea de origen natural o antropogénico [Farina. 2014].

Para las aves, los ambientes urbanos constituyen entornos acústicos que dificultan su comunicación, debido a los elevados niveles de ruido antropogénico. A su vez, se ha documentado que las densidades poblacionales y diversidad específica de aves, pueden ser menores en zonas típicamente ruidosas [Francis. 2015; Slabbekoorn & Ripmeester. 2008; Habib et al. 2007; Marler & Slabbekoorn. 2004; Stone. 2000].

No obstante, según Mendes et al. (2011), existen especies que han sido capaces de colonizar y desenvolverse en estos entornos acústicos modificando los parámetros acústicos presentes en sus cantos, los cuales están asociados a cambios en la composición frecuencial de éste [Uribe. 2013; Gross et al. 2010; Potvin et al. 2010; Nemeth & Brumm. 2009; Slabbekoorn & den Boer-Visser. 2006; Wood & Yezerinac. 2006; Fernández-Juricic et al. 2005; Slabbekoorn & Peet. 2003], cambios en la duración de cada elemento que lo compone [Santana. 2011; Catchpole & Slater. 2008], modificaciones en su temporalidad u ocurrencia [Gil et al. 2014; Pascual. 2012; Mendes et al. 2010; Fuller et al. 2007] y en su amplitud [Brumm & Zollinger. 2011; Warren et al. 2006; Brumm. 2004]. No obstante, las implicancias o costos asociados a estas variaciones han sido materia de análisis durante los últimos años [Gil et al. 2014; Mendes et al. 2011; Parris & Schneider. 2009; Fuller et al. 2007; Brumm. 2004; Slabbekoorn & Peet. 2003; Ward et al. 2003].

2.2   Comunicación acústica en las aves

La comunicación acústica es uno de los componentes más importantes en la vida animal, ya que tiene estrecha relación con la reproducción y sobrevivencia de las especies [McGregor. 2005]. En términos biológicos, la comunicación es la base sobre la cual se establecen las relaciones sociales entre los animales, permitiendo su interacción y reconocerse como parte de una misma especie. La comunicación puede ser entendida como un proceso complejo que consta de al menos tres componentes: un emisor, una señal (donde se encuentra codificada la información) y un receptor [Uribe. 2013].

En relación a la comunicación acústica en aves, sus vocalizaciones, consistentes en cantos y llamados, les permiten comunicarse con otros miembros de su misma especie, ya sea para los procesos de aprendizaje, apareamiento, conflicto o cooperación. Los llamados son utilizados tanto para advertir la presencia de un depredador como para mantener la cohesión del grupo, entre otras funciones [Barber et al. 2010b]; mientras que los cantos son utilizados para la defensa o disputa de territorio en el proceso de cortejo, y es emitido por el macho hacia la hembra. La recepción del canto por parte de la hembra cobra especial relevancia dado que una interrupción en éste tiene consecuencias directas sobre el éxito del proceso reproductivo, existiendo la posibilidad de no llevarse a cabo [Catchpole & Slater. 2008].

La información que se transmite a través de las vocalizaciones es bastante precisa y compleja, relacionándose con la identificación, localización y entorno. Pese a que la señal acústica emitida puede ser atenuada y degradada según las condiciones ambientales de los entornos naturales (atenuación por distancia u obstáculo o fluctuaciones de amplitud debido a los gradientes de temperatura), es el canal más importante debido a la cantidad de información que puede comunicar de forma rápida y eficiente. No obstante, el ruido ambiental presente en los hábitats, puede interferir en los procesos de detección (etapa elemental dentro del proceso de percepción), discriminación (distinción entre llamados de una misma o diferente especie) y reconocimiento (identifica vocalización de individuo en particular, por sobre las de otros de su misma especie) de las señales acústicas de las aves [Catchpole & Slater. 2008; Lohr et al. 2003].

Estos factores mencionados condicionan el "espacio activo" de comunicación para las aves, siendo éste referido al área alrededor de la fuente emisora de la vocalización bajo la cual la señal puede ser detectada y reconocida por potenciales receptores. Esta distancia máxima puede verse condicionada también por otras variables como el nivel de la vocalización (factores morfológicos) y la capacidad de audición de potenciales receptores, además de las características espectrales de ruido ambiental presente en los entornos [Farina. 2014; Marler & Slabbekoorn. 2004].

2.2.1 Vocalizaciones en aves

2.2.1.1 Generación del canto: Siringe

La siringe es el órgano vocal de las aves y tiene como función principal la generación de las vocalizaciones. Se ubica en lo profundo del pecho, en una bolsa de aire que a su vez está conectada con otras, aparte de los pulmones. Está presente en todas las aves, exceptuando a las especies de buitres, pero su localización exacta y estructura varía considerablemente [King. 1989].

En algunas especies como palomas y loros, la siringe consta de anillos modificados de cartílagos cerca del extremo inferior de la tráquea. En otras como pingüinos, lechuzas, gallinas ciegas, guácharos y algunos cuclillos, la siringe está compuesta por dos semi-siringes localizadas en los bronquios primarios. Asimismo, para muchas otras aves (la mayoría del grupo de oscinas del orden de *Passeriformes* o aves paserinas), la siringe se encuentra en el cruce donde los dos bronquios principales se unen para formar la tráquea. Esta siringe traqueo-bronquial incluye cartílagos modificados en los extremos superiores de cada bronquio y el extremo inferior de la tráquea y está constituido por las membranas timpaniformes y su musculatura correspondiente ("MTM" en la figura 2.2 c), los labios externos de la cavidad siríngea o membrana timpaniforme lateral y el sistema de sacos aéreos que impulsan el aire a través de ella [Marler & Slabbekoorn. 2004]. En la figura 2.2 se pueden observar las variaciones de siringes para diferentes especies de aves.

En general, las vocalizaciones son generadas por la oscilación de los elementos en las paredes de la siringe, producida por el flujo de aire inducido que convierte una porción de la energía cinética del aire en energía acústica, para posteriormente ser modulada en el tracto vocal y pico [Farina. 2014; Marler & Slabbekoorn. 2004]. En este proceso, actúan diversos órganos y factores, tal como se observa en la figura 2.3.

En cuanto al rango de frecuencias que las aves son capaces de emitir en sus vocalizaciones, éste se ve condicionado por el tamaño corporal y los factores morfológicos de cada especie, dependiendo de la capacidad de vibración de la membrana timpaniforme. De esta forma, las aves con mayor masa corporal emitirán frecuencias más graves que las de menor masa (factor morfológico). En adición, se hace importante mencionar la influencia que tienen las dimensiones del pico del ave en la modulación de las vocalizaciones, ya que mientras más pequeño sea éste, se tiene una mayor versatilidad en la producción de trinos, especialmente en frecuencias agudas [Farina. 2014].

Cabe destacar que, de todas las aves, las correspondientes al grupo de las oscinas (aves paserinas) cuentan con la mayor cantidad de músculos en su siringe traqueo-bronquial ("SYR" en la figura 2.2 c), lo que se traduce en la complejidad de sus cantos [King. 1989]. Asimismo, estas aves utilizan su doble estructura (dos potenciales fuentes sonoras) para extender el ancho de banda de su canto o para producir sílabas que varían ampliamente su calidad tonal [Marler & Slabbekoorn. 2004]. Si bien la variabilidad y complejidad que tienen las vocalizaciones de aves paserinas radica en la cantidad de músculos que componen su siringe, además de los factores corporales mencionados, la influencia que ejerce el ruido ambiental provoca implicancias energéticas importantes que tienen relación con la contracción de estos músculos para emitir vocalizaciones con tonos de frecuencias más agudas, en mayor cantidad y en momentos que comúnmente no acostumbraban a vocalizar, además de generar un mayor consumo de oxígeno para emitir frecuencias con una mayor amplitud [Gil et al. 2014; Mendes et al. 2011; Parris & Schneider. 2009; Fuller et al. 2007; Brumm. 2004; Slabbekoorn & Peet. 2003; Ward et al. 2003].

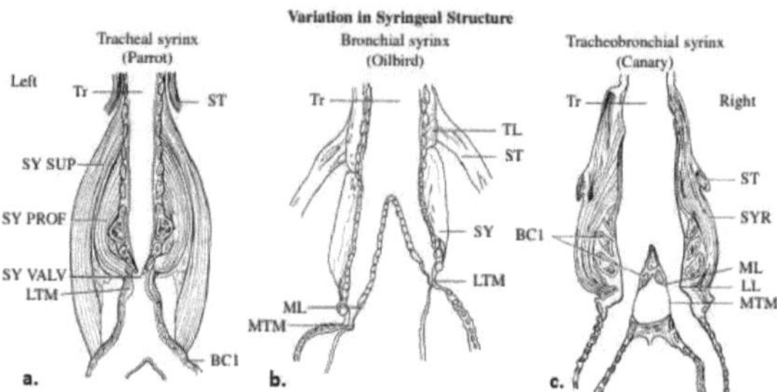

Figura 2.2: Variaciones en la estructura de la siringe para un loro (a), un guácharo (b) y un canario (c, ave paserina), respectivamente. Fuente: [Marler & Slabbekoorn. 2004]

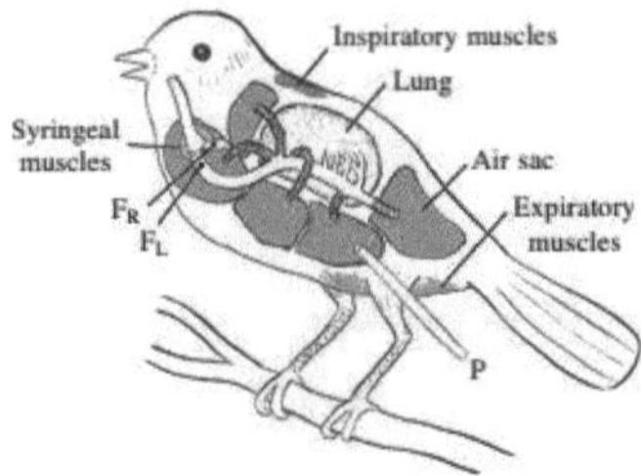

Figura 2.3: Ubicación de la siringe y funciones que influyen en la generación del canto de un ave. Fuente: [Marler & Slabbekoorn. 2004]

2.2.1.2 Cantos y llamados

Las vocalizaciones de las aves pueden ser divididas en cantos y llamados. Una de las razones por las cuales se tiene esta distinción, tiene lugar en la taxonomía de estas especies, siendo consideradas como "aves cantoras" a las pertenecientes al grupo de las oscinas del orden de *Passeriformes*. Según Catchpole & Slater (2008), esta distinción radica principalmente en la cantidad y complejidad de sus cantos, debido a la composición y cantidad de los músculos de la siringe. Además, se relaciona también con la capacidad que tienen en el aprendizaje de sus cantos.

A nivel estructural, el canto es una vocalización de mayor duración y complejidad acústica, envolviendo una variedad de diferentes notas y sílabas, ordenadas en secuencias determinadas. El canto es producido por los individuos machos en temporada de apareamiento, ya sea para el proceso de cortejo mismo como para la defensa del territorio ante el acercamiento de otro macho. El canto ocurre espontáneamente y es a menudo producido en largos diálogos con características rítmicas diurnas. Sin embargo, se tienen algunas excepciones ante estos rasgos mencionados, especialmente en los Trópicos donde tanto el macho como la hembra emiten su canto, sin un periodo establecido para el apareamiento. De manera similar, el canto del Petirrojo europeo (*Erithacus rubecula:*

Passeriforme) puede ser escuchado en cualquier mes del año, siendo en el invierno producido tanto por machos como hembras [Catchpole & Slater. 2008].

Cabe destacar que, generalmente, la temporada de apareamiento para aves paserinas presentes en Chile, asociada a su canto, abarca el periodo comprendido entre finales de invierno y comienzos de verano, considerando a la primavera como periodo de mayor sensibilidad [Soto-Gamboa. 2014].

Por otro lado, los llamados tienden a ser de menor duración, monosílabos y con un patrón de frecuencias simple, así como también producidos por ambos sexos durante todo el año. Los llamados no sólo incluyen funciones en la reproducción, sino que también en situaciones específicas como el vuelo, amenazas y alarmas por la presencia de depredadores, el anuncio e intercambio de comida, el mantenimiento de la distancia social entre individuos y la composición e integración del grupo [Marler & Slabbekoorn. 2004].

Para el caso del Pinzón común (*Fringilla coelebs: Passeriforme*), ave presente en los bosques europeos, el macho no sólo canta, sino que también tiene diferentes tipos de llamados, en mayor número que las hembras. En la figura 2.4 se pueden apreciar algunos de los diferentes tipos de llamados y canto para esta ave, realizados en las estaciones de verano (S) e invierno (W) y producidos por ambos sexos, así como también se pueden observar sus onomatopeyas.

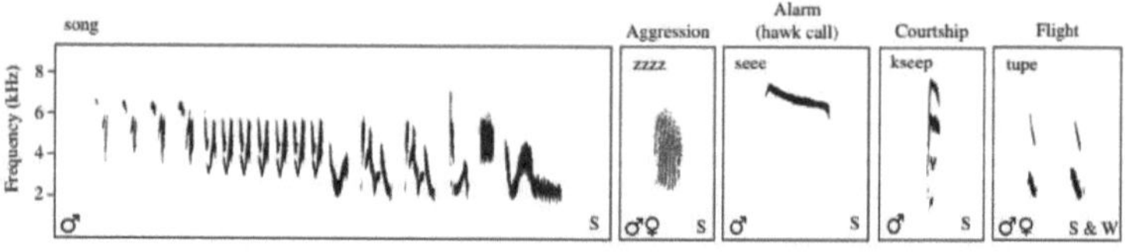

Figura 2.4: Canto y llamados del Pinzón común. Fuente: [Marler & Slabbekoorn. 2004]

2.2.1.3 Tipos de Cantos

Mencionada la complejidad del canto como una de sus principales características, se tienen además un número de otras categorías y unidades para definirlo. La mayoría de las aves tiene más de una versión del canto de su especie, existiendo variaciones según su distribución geográfica [Marler & Slabbekoorn. 2004]. Cada versión tiene lugar en un tipo de canto, que a su vez es definido por el conjunto de frases que lo compone. Cada una de estas frases consiste en una serie de unidades que ocurren con un patrón en particular. Estas unidades son referidas comúnmente como sílabas, las cuales pueden ser muy simples o bastante complejas en su estructura. Cuando éstas son complejas, se forman a partir de pequeños bloques, llamados elementos o notas. En la figura 2.5 se pueden observar dos tipos de canto diferentes para un Pinzón común macho, divididos en frases, sílabas y elementos.

Figura 2.5: Espectrogramas de dos tipos de canto diferentes de un Pinzón común macho.
Fuente: [Catchpole & Slater. 2008]

Las frases, sílabas y notas pueden también ser definidas por los intervalos de tiempo que los separan, así como también la duración y el rango de frecuencias bajo las cuales son emitidos. En cuanto a este último aspecto, se hace importante mencionar que independiente de las versiones de las vocalizaciones que el ave pueda emitir, ésta tiene un rango de frecuencias máximo por el cual llevarlas a cabo, principalmente debido al factor morfológico comentado anteriormente [Soto-Gamboa. 2014].

En la figura 2.6 se muestran diferentes tipos de sílabas del canto de un Carricerín común macho (*Acrocephalus schoenobaenus: Passeriforme*). En ésta, se tienen diferentes "silbidos" caracterizados por ser de corta duración manteniendo un tono constante (a), de mayor duración con variaciones en su frecuencia (b) y de mayor cantidad de modulaciones con un vibrato tenue (c), o rápido (d). No obstante, no todos los sonidos de aves son considerados tonos puros como los mencionados. Un sonido completamente diferente es el ruido producido impulsivamente con un amplio espectro de frecuencias, manifestándose de manera similar a un "click" (e), o un conjunto de éstos como un zumbido, comúnmente llamado trino (f). Por otro lado, las modulaciones de frecuencia pueden darse de las maneras más complejas, manifestándose como una especie de chirrido (g). Por otro lado, en una sílaba se pueden presentar las frecuencias múltiplos de la fundamental, correspondiente éstas a las frecuencias armónicas (h).

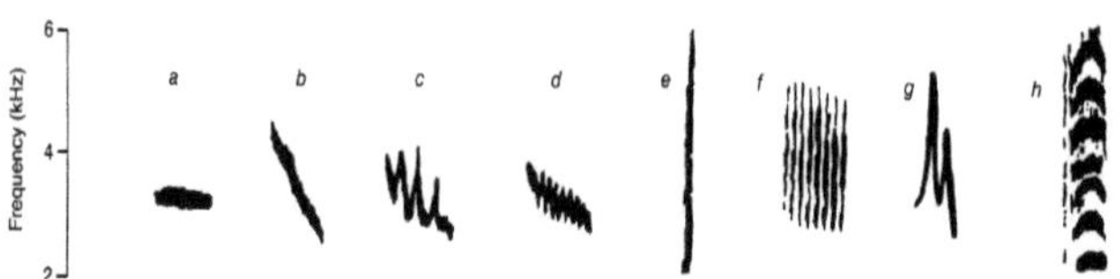

Figura 2.6: Diferentes tipos de sílabas del canto de un Carricerín común macho. Fuente: [Catchpole & Slater. 2008]

De igual forma, en la figura 2.7 se puede observar el espectrograma del canto de un Chincol (*Zonotrichia capensis: Passeriforme*), en donde se representan los elementos que componen su estructura. Los tres primeros elementos representan lo que se conoce como tema o introducción, mientras que los siguientes elementos repetitivos, similares a los descritos en las letras (d) y (f), corresponden al primer y segundo trino.

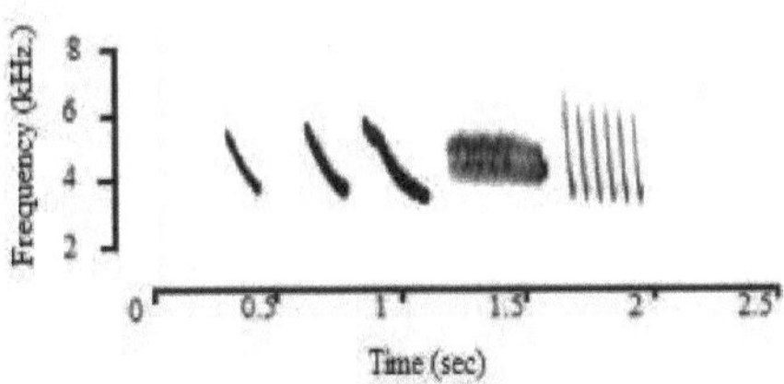

Figura 2.7: Elementos del canto de un Chincol. Fuente: [Uribe. 2013]

2.2.2 Rango de audición en aves

Según Marler & Slabbekoorn (2004), tanto aves como mamíferos comparten ciertos principios básicos de la audición, ya que la presión sonora es transmitida a los fluidos del oído interno atravesando el oído externo, el conducto auditivo y el oído medio, a través de la membrana del tímpano y los huesos del oído medio; cual coincidan las impedancias tanto del aire como de los fluidos para proteger a las delicadas estructuras del oído interno. Las vibraciones transmitidas a los fluidos del oído interno causan el movimiento de las células pilosas en el epitelio sensorial, que a su vez provocan descargas neuronales en el nervio auditivo.

Sin embargo, más allá de tener similitudes en estos principios, diversos autores señalan las grandes diferencias que se tienen en las anatomías de los oídos tanto de mamíferos como aves [Dooling et al. 2000; Saunders et al. 2000], dejando planteados una serie de cuestionamientos sobre la capacidad de las aves para detectar, discriminar y aprender sonidos tan complejos como las vocalizaciones; concluyendo en que el sistema auditivo en aves aún no está completamente estudiado [Marler & Slabbekoorn. 2004].

Con respecto a la utilización de alguna curva de ponderación que permita estimar la respuesta en frecuencia de las aves, Dooling & Popper (2007) sugieren no considerar la curva de ponderación "A" utilizada en humanos, dado que sobrestimaría la energía contenida en las frecuencias de relevancia para las aves. Sumado a ello, no existen investigaciones que permitan avalar su utilización tanto en aves como en la fauna silvestre en general [Martín & Grijota. 2014].

Pese a lo descrito en los incisos anteriores, se hace relevante considerar el rango de audición y las curvas de audibilidad obtenidas a través de diversas investigaciones, ya que permiten obtener una aproximación del rango más sensible por el cual las aves son capaces de percibir sus vocalizaciones. Sumado a ello, las diferencias que se tienen en las curvas de audibilidad y el rango de frecuencias de mayor sensibilidad, están directamente relacionadas con el grado de interferencia que provocaría la presencia del ruido ambiental sobre su comunicación acústica, en el caso de coincidir su distribución energética.

En relación a ello, en Dooling et al. (2000) se describió que la mayoría de las especies de aves tienen curvas bastante similares, siendo generalmente mejor el rango comprendido entre 1– 5 kHz., donde se destaca la región comprendida entre 2 y 3 kHz como la de mayor sensibilidad, coincidiendo aquello con los valores descritos por Alcaíno & Pérez (2004). A su vez, Dooling & Popper (2007) señalan que la banda donde se tiene un mayor número de vocalizaciones y un mejor rango de audición, tiene lugar entre los 2 y 4 kHz. Sin embargo, existen excepciones para ciertas especies, como las correspondientes al orden de *Strigiformes* (depredadores nocturnos), que tienen mayor sensibilidad en el rango comprendido entre 1.5 y 2.5 kHz., lo cual coincide con el rango donde emiten sus ecolocalizaciones.

En promedio, el "espacio audible" disponible para la comunicación vocal de las aves, comprende el rango de frecuencias entre los 500 Hz. y 6 kHz aproximadamente y, si bien existen algunas excepciones, según Marler y Slabbekoorn (2004), se puede considerar el rango como una tendencia general (rango de frecuencias de 30 dB sobre la región más sensible en la figura 2.8). Al respecto, en la figura 2.8 se pueden observar las curvas de audibilidad para un número determinado de *Passeriformes*, no *Passeriformes* y

Strigiformes; y su contraste con la curva del humano. Cabe señalar que la obtención de estas curvas, se realizó en base a respuestas fisiológicas y de comportamiento de cerca de 50 especies, mediante el análisis de audiogramas[1] recopilados de investigaciones realizadas entre los años 1946 y 1999.

Por otro lado, según lo señalado por Marler & Slabbekoorn (2004), se puede observar que la concentración energética de las vocalizaciones a cierta distancia (cantos o llamados de gran intensidad) coincide justamente con el rango de frecuencias más sensible que el ave puede percibir. Según diversas investigaciones, el rango de emisión donde se tiene una mayor concentración energética en las vocalizaciones de aves paserinas (frecuencia peak), comprende el intervalo desde 1 a 8 kHz. [Soto-Gamboa. 2014].

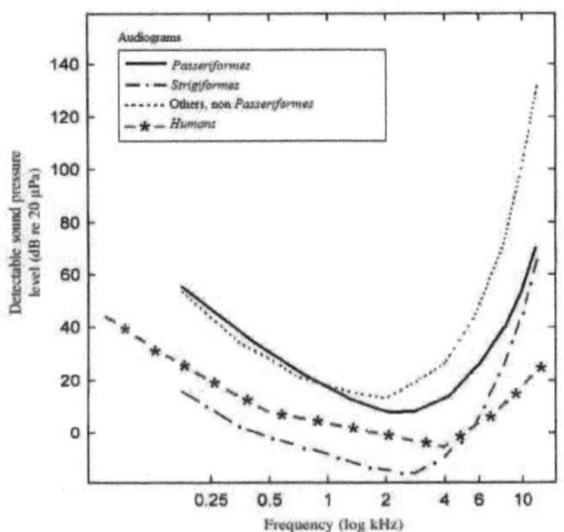

Figura 2.8: Audiograma promedio de curvas de audibilidad de *Passeriformes,* no *Passeriformes, Strigiformes* y humanos. Fuente: [Dooling. 2000]

---

[1] Corresponde a la medición de la sensibilidad auditiva en base a la detección (respuestas de comportamiento) del umbral de tonos puros sobre el espectro audible, la cual entrega una estimación del rango de frecuencias y los límites de la audibilidad de los animales. Fuente: [Gallagher et al. 2003]

2.2.3   Análisis espectral de vocalizaciones

La visualización, interpretación y análisis de la información espectral contenida en las vocalizaciones de aves tiene lugar en oscilogramas, espectrogramas y espectros de potencia. Un oscilograma representa las variaciones de la amplitud que tiene la señal en el tiempo, mientras que un espectrograma muestra la variación de las frecuencias en el tiempo, siendo la información de la amplitud representada por un contraste en escala de grises donde el color negro representa la mayor amplitud (también se pueden utilizar un gradiente de colores). En cuanto al espectro de potencia, su gráfica representa la distribución energética a través del espectro sonoro para un canto, llamado o nota, mostrando la energía sonora contenida en cada frecuencia. En la figura 2.9 se pueden observar un espectrograma y un espectro de potencia para la misma vocalización.

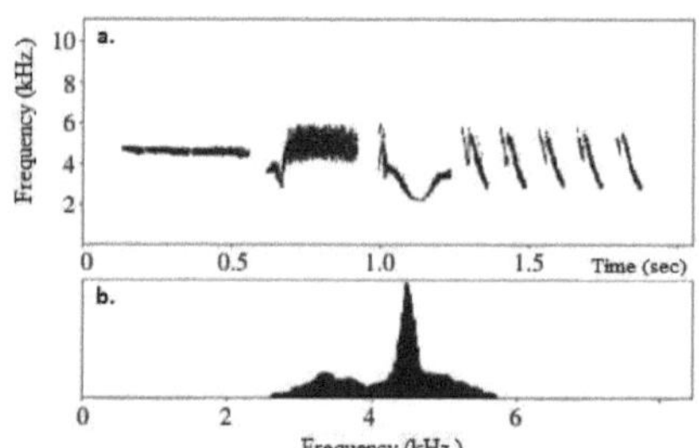

Figura 2.9: Espectrograma y espectro de potencia para una misma vocalización.
Fuente: [Marler & Slabbekoorn. 2004]

Según Dooling & Popper (2007), la estimación de los efectos del ruido ambiental sobre el sistema auditivo y la interferencia que puede provocar sobre su comunicación acústica (enmascaramiento frecuencial de señales), debe ser realizado, a través de un espectrograma o espectro de potencia, considerando la región de frecuencias donde mejor perciben y vocalizan las aves.

2.2.4   Experiencias con enmascaramiento de vocalizaciones

Según Marler & Slabbekoorn (2004), las características temporales y espectrales del ruido ambiental presente en los entornos naturales, ejercen una influencia directa sobre el espacio activo disponible para la comunicación acústica entre aves. Un determinado nivel de ruido de fondo provoca una disminución en la relación señal-ruido, limitando el espacio activo comentado [Dooling & Popper. 2007].

Para identificar aquello, se hace difícil la realización de estudios en terreno, dadas las circunstancias y variables no controladas que se tienen. Sin embargo, los estudios realizados en laboratorios entregan ciertas directrices de estos efectos del ruido sobre las vocalizaciones en el entorno natural. Estas experiencias se han enfocado en determinar cómo las aves pueden discriminar entre sonidos simples (tonos) y complejos (vocalizaciones), considerando diferentes tipos de problemas acústicos a los que se ven expuestos en su entorno natural y el grado de interferencia que provocan éstos sobre su comunicación acústica (enmascaramiento frecuencial) [Dooling et al. 2000].

Los estudios de laboratorio que se han realizado con sonidos simples, han utilizado como variables a los ratios críticos, los cuales corresponden a la definición de un umbral por el cual un ave detecta un tono puro en presencia de un nivel de presión sonora conocido de ruido de fondo (e.g. ruido blanco), siendo la razón entre el nivel del tono puro a ese umbral y el nivel del ruido de fondo para aquella frecuencia, el llamado ratio crítico. La figura 2.10 permite observar un ejemplo de estas experiencias, donde, para la detección de un tono puro de 3 kHz., el ave requiere de un ratio crítico de 20 dB ante la presencia de un ruido de banda ancha.

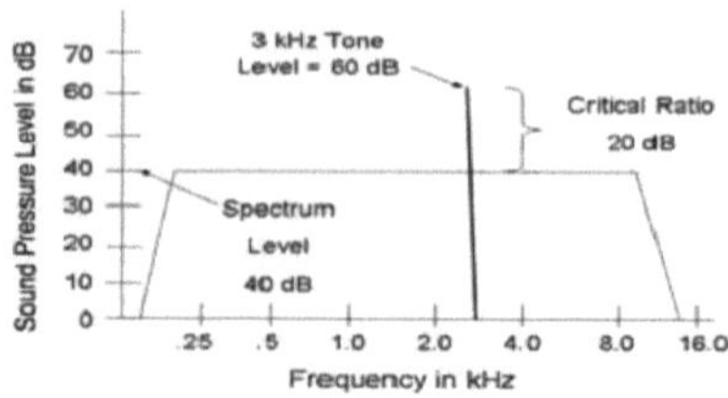

Figura 2.10: Experiencia con ratios críticos. Fuente: [Dooling & Popper. 2007]

En cuanto a la obtención de un valor promedio de ratios críticos para la mayoría de las aves paserinas, con respecto a la detección de tonos puros o vocalizaciones tonales en el rango de frecuencias de mejor audición (cercano a 3 kHz.), según Marler & Slabbekoorn (2004) tiene lugar en los 25 dB, mientras que, según Dooling & Popper (2007), el valor debe ser en promedio 27 dB ($\pm$ 3 dB).

Por otro lado, la experiencia de Lohr et al. (2003) con sonidos complejos (vocalizaciones) en dos especies de aves paserinas, en cuanto a los procesos de detección y discriminación ante la influencia de ruido blanco y ruido de tráfico vehicular, dieron como resultado que para el proceso de discriminación se requieren ratios críticos mayores que para el proceso de detección, sumado a que se tiene una mejor capacidad para detectar y discriminar las vocalizaciones en presencia del ruido de tráfico vehicular, por sobre el ruido blanco. Según los autores, la comparación de ratios críticos de enmascaramiento sobre el rango de audición con el espectro de frecuencias donde se generan las vocalizaciones, entrega una estimación de la distancia sobre la cual debería ser efectivo el proceso de detección de las señales acústicas, ante un nivel de ruido de fondo conocido.

Con respecto a la intensidad con que un ave puede emitir sus vocalizaciones, según Dooling et al. (2000) el nivel de presión sonora máximo (nivel peak) medido a un metro, tanto para aves paserinas como no paserinas, tiene lugar entre los 90 y 100 dB.

Sin embargo, para la misma distancia, Brumm (2004) describió un nivel de presión sonora máximo promedio de 77 dB(A) – ponderación de tiempo de 125 ms., para los cantos territoriales del Ruiseñor común (*Luscinia megarhynchos: Passeriforme*) medidos en un entorno con un ruido ambiente de 40 dB(A). A su vez, Ritschard & Brumm (2011) obtuvieron un nivel de presión sonora equivalente y máximo promedio de 72.5 y 74.7 dB (125 ms.) respectivamente, para las vocalizaciones de Diamantes mandarines adultos medidos en una cámara anecoica, a 25 cm. sobre la cabeza de cada ave. Por otro lado, la experiencia de Ritschard et al. (2011) con Gorriones capuchinos (*Lonchura striata domestica: Passeriforme*) en condiciones de laboratorio, entregaron un nivel de presión sonora equivalente y máximo promedio de 49.3 y 52.9 dB (125 ms.) respectivamente, medidos a un metro de distancia.

2.3   Ruido ambiental

2.3.1   Aspectos generales

Físicamente, no existe distinción entre el sonido y el ruido. El sonido es una sensación producida en el órgano del oído por el movimiento vibratorio de los cuerpos, transmitido por un medio elástico, como el aire. El concepto de ruido puede definirse como cualquier sonido que sea calificado por quien lo percibe como algo molesto, indeseado, inoportuno o desagradable [Suárez. 2004]; o bien, dentro del contexto de la comunicación acústica en la fauna, como *"cualquier factor que reduzca la habilidad de un receptor para detectar una señal o discriminar una de otra"* [Farina. 2014]. El ruido es considerado un contaminante debido a que su presencia en el ambiente, en ciertos niveles o períodos de tiempo, puede constituir un riesgo a la salud de las personas, a la calidad de vida de la población, a la preservación de la naturaleza o a la conservación del patrimonio ambiental [MINSEGPRES. 1994].

Los orígenes de este contaminante se encuentran en las actividades humanas y se asocian con el proceso de urbanización y el desarrollo del transporte y la industria. El rápido crecimiento poblacional que han experimentado algunas urbes, causado por la movilidad de la población desde zonas rurales, ha provocado que la gran mayoría de los habitantes de las ciudades estén expuestos a altos niveles de ruido; incluso, en algunos casos, las comunidades han comenzado a vivir en zonas industriales y alrededor de aeropuertos [Arenas & Gerges. 2004]. El ruido provocado por las fuentes ambientales, como los medios de transporte, las industrias, la construcción, el vecindario (restaurantes, discotecas, eventos, etc.), entre otros; es el llamado *ruido ambiental*, siendo este último apelativo el que hace referencia al concepto de "medio ambiente", definido como el conjunto de elementos abióticos (energía solar, suelo, agua y aire) y bióticos (organismos vivos) que integran y se sustentan en la biosfera terrestre [Suárez. 2004].

Al respecto, los efectos adversos que provoca el ruido ambiental sobre los seres humanos van desde el deterioro de la audición, interferencias en la inteligibilidad de la palabra, perturbación del sueño o causar molestias solamente; hasta enfermedades en las funciones cognitivas, fisiológicas y sicológicas [WHO. 1999]. De igual forma, los efectos adversos que provoca sobre la fauna, van desde la pérdida de audición, tensión, cambios metabólicos y hormonales; hasta, como se vio anteriormente, el enmascaramiento de sus señales acústicas, lo cual puede generar modificaciones en los parámetros acústicos de sus cantos o respuestas evasivas ante el impacto [Farina. 2014; Fletcher. 1971].

Con la intención de cuantificar, evaluar y mitigar estos efectos adversos sobre los seres vivos, es que se han gestado, a lo largo de la historia, estatutos y normativas que resguarden y preserven el medio ambiente. En Chile, este resguardo tiene lugar en la Ley N° 19.300 Sobre Bases Generales del Medio Ambiente (en adelante LBMA) [MINSEGPRES. 1994], a través de sus instrumentos de gestión ambiental, como el Sistema de Evaluación de Impacto Ambiental (en adelante SEIA).

2.3.2   Tipos de ruido

Las diversas fuentes están compuestas por uno o más tipos de ruido. Su patrón sonoro dependerá de las características propias de cada fuente, siendo la potencia sonora uno de los parámetros más importantes en cuanto a la evaluación del ruido, ya que es independiente del ambiente donde se ubique la fuente y la distancia entre ella y el punto de medida [Arenas & Gerges. 2004]. Por otro lado, los tipos de ruido pueden clasificarse según sus características temporales y frecuenciales, a saber [B&K. 2000]:

a) <u>Ruido continuo</u>: Se produce por fuentes que operan del mismo modo sin interrupción, por ejemplo, ventiladores, bombas y equipos de proceso.

b) <u>Ruido intermitente</u>: Se produce por fuentes que operan en ciclos, aumentando y disminuyendo rápidamente su nivel de presión sonora (e.g. el paso de vehículos aislados o sobrevuelo de aeronaves).

c) <u>Ruido impulsivo</u>: Es el ruido provocado por impactos o explosiones, tiene un carácter temporal breve y abrupto, alcanzando niveles de presión sonora máximos.

d) <u>Ruidos tonales</u>: Pueden generarse a partir de maquinarias con partes rotativas, tales como motores, cajas de cambios, ventiladores y bombas. Los impactos repetidos causan vibraciones que, transmitidas a través de las superficies al aire, pueden ser percibidas como tonos.

e) <u>Ruido de baja frecuencia</u>: Corresponde al ruido que tiene una energía acústica significante en el margen de frecuencias de 8 a 100 Hz. Este tipo de ruido es típico en grandes motores diesel de trenes, barcos y plantas de energía; abarcando grandes distancias por su patrón polar omnidireccional.

2.3.3   Tipos de fuentes

Las fuentes de ruido se clasifican en los siguientes tipos [Suárez. 2004; B&K. 2000]:

a) <u>Fuente puntual</u>: Corresponde al caso en que las dimensiones de la fuente de ruido son pequeñas comparadas con la distancia al oyente. Algunos ejemplos de fuentes puntuales son las instalaciones industriales, obras o instalaciones recreativas fijas. En este tipo de fuente la energía sonora se propaga de forma esférica, por lo que el nivel de presión sonora es el mismo en todos los puntos que se encuentran a igual distancia que la fuente y disminuye en 6 dB al doblar su distancia o radio.

b) <u>Fuente lineal</u>: Se consideran fuentes lineales las que generan una superficie de impacto acústico paralela a su recorrido. Ejemplos de estas fuentes son tanto el tráfico rodado como el ferroviario. El ruido emitido estará relacionado con las características del tráfico y las propiedades acústicas de la superficie de rodadura y/o su estructura. Se considera también como fuente lineal, la composición de varias fuentes puntuales operando simultáneamente, tal como una sucesión de vehículos en una carretera concurrida. Para este caso, las ondas sonoras se propagan cilíndricamente, por lo que el nivel de presión sonora es el mismo en todos los puntos a la misma distancia de la línea y disminuye en 3 dB al duplicarla.

La figura 2.11 muestra dos ejemplos de los tipos de fuentes mencionados. Por otro lado, sumado a las características propias de los tipos de fuente, se debe tener en consideración que la energía generada por éstas sufre una atenuación al propagarse en el aire libre.

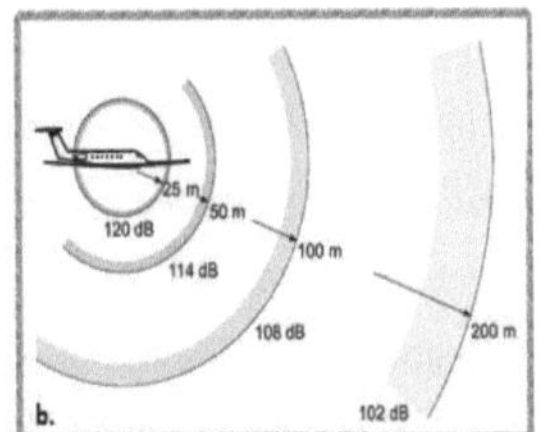

Figura 2.11: Ejemplos de fuente lineal (a. sucesión vehículos carretera) y puntual (b. aeronave). [Carrión. 1998]

2.3.4 Propagación del sonido en el aire libre

Los factores más importantes que afectan a la propagación del sonido, tienen lugar en el tipo y distancia desde la fuente, la absorción atmosférica, el efecto del viento, las variaciones de temperatura, los obstáculos como vegetación o edificios, la absorción del terreno, reflexiones, humedad o precipitaciones [Arenas & Gerges. 2004; B&K. 2000].

Por otro lado, los niveles de ruido en un punto receptor pueden obtenerse por cálculo (predicción del ruido) en lugar de ser medidos. Algunos de los casos en que se hace preferible el método del cálculo, es cuando se necesita predecir niveles futuros, comparar distintos escenarios de desarrollos alternativos y de reducción de ruido, hacer mapas de curvas de nivel de ruido o si se tiene acceso limitado a las posiciones de medición, entre otras. El cálculo normalmente se lleva a cabo de acuerdo a un algoritmo estándar reconocido [B&K. 2000].

Para el caso de Chile, la norma de emisión de ruidos generados por las fuentes que indica, el D.S. N° 38/11 del Ministerio del Medio Ambiente (en adelante MMA), cuyo objetivo es resguardar la salud de la comunidad estableciendo niveles máximos de emisión, en su artículo 19° literal g), recomienda la utilización del procedimiento descrito en la norma técnica ISO 9613 *"Acoustics – Attenuation of sound during propagation outdoors"* para la predicción de los niveles de ruido [MMA. 2011]. Esta norma técnica, en su primera parte, *"Calculation of the absorption of sound by the atmosphere"*, especifica un método analítico para calcular la atenuación de sonido como resultado de la absorción atmosférica para diversas condiciones meteorológicas donde el sonido de cualquier fuente se propaga a través de la atmosfera exterior [ISO. 1993]; mientras que en su segunda parte, *"General method of calculation"*, especifica un método ingenieril para calcular la atenuación de sonido durante la propagación en exteriores para predecir los niveles de ruido ambiental a una distancia de una variedad de fuentes [ISO. 1996].

A su vez, para las fuentes de ruido ambiental que no son reguladas por el D.S. N°38/11 del MMA, el Reglamento del SEIA D.S. N° 40/12 del MMA (en adelante RSEIA) establece la utilización de normativas de referencia extranjeras, cuyos países se indican en el artículo 11° del mencionado reglamento [MMA. 2012]. En éstas, se cuenta con datos estandarizados de niveles asociados a diferentes tipos de fuentes de ruido.

2.3.5 Fuentes de ruido ambiental

A continuación, se detallan las características de las fuentes de ruido ambiental de interés para esta tesis, presente tanto en ciudades como zonas rurales, relacionadas con los proyectos y actividades que ingresan al SEIA.

a) <u>Ruido de tráfico vehicular</u>

Se ha establecido que, en las grandes ciudades, la mayor contribución al ruido ambiental corresponde al ruido de tráfico vehicular [Suárez. 2014; Arenas & Gerges. 2004; B&K. 2000]. Los automóviles poseen diversas fuentes de ruido, entre las cuales están el motor, tubo de escape, ventilador, transmisión, frenos, vibración de la carrocería y el ruido de rodadura, que incluye las fuentes aerodinámicas y el contacto rueda/pavimento. Sin embargo, la contribución de las fuentes dependerá de la velocidad con que el automóvil se desplace, pues cuanto mayor sea ésta, más elevados serán los niveles de ruido [Gerges. 2012]. Al respecto, se tiene que bajo los 50 - 60 (km/h), las fuentes más importantes son el motor y el ruido de la carrocería, mientras que sobre esa velocidad, como es el caso del desplazamiento en carreteras, la mayor contribución es el ruido de rodadura [Suárez. 2014; Segués. 2007].

En la figura 2.12 a. se muestra un espectro típico del ruido de automóviles y camiones pesados circulando a dos velocidades distintas. Los valores se midieron a 15 m. de distancia y a 1.2 m. de altura, y corresponden al instante en que el vehículo pasa frente al instrumento de medición. Por otro lado, en la figura 2.12 b. se puede observar un espectro típico del tráfico vehicular, medido en una avenida de San Francisco, California, USA.

En cuanto a los proyectos de inversión relacionados con la construcción, reposición o mejoramiento de carreteras, se requieren modelos de predicción que permitan estimar los niveles de ruido que generarán los proyectos una vez en operación. Las carreteras que transportan alto flujo vehicular son modeladas como fuentes lineales, en las cuales se estiman las potencias sonoras por unidad de longitud. Estos niveles de ruido dependen, entre otros factores, del tipo de vehículos (livianos, medianos, pesados o motocicletas), de su condición mecánica, su velocidad, del flujo de tráfico, de la presencia de pendientes y dispositivos de control de tráfico (signos pare y semáforos, peajes, señales de tránsito), o del tipo y estado del pavimento (asfalto, concreto, adoquines, etc.), entre otras.

En cuanto a los modelos de predicción del ruido por tráfico vehicular, sumado a los parámetros recién mencionados, se deben considerar los fenómenos de propagación del sonido al aire libre [Arenas & Gerges. 2004].

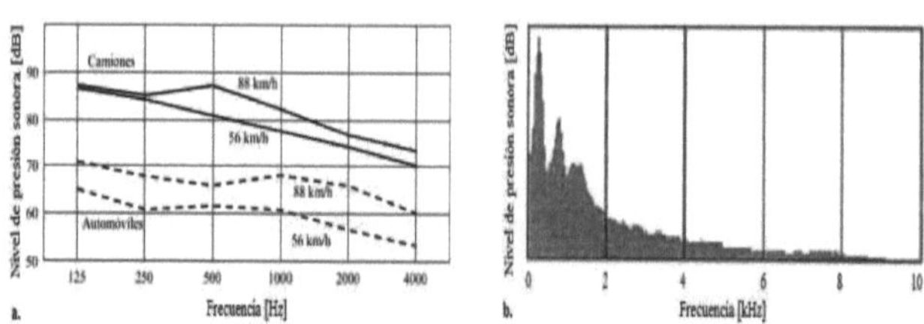

Figura 2.12: a. Espectro típico de ruido automóviles y camiones pesados, Fuente: [Miyara. 1999]; b. Espectro típico tráfico vehicular en ciudad, Fuente: [Marler & Slabbekoorn. 2004]

b) <u>Ruido de tráfico aéreo</u>

De todos los medios de transporte, los aviones son los que originan la mayor cantidad de energía acústica. La generación del ruido está estrechamente ligada a la velocidad del aire, la cual es un importante elemento de los motores y fuselajes en los aviones. Las fuentes de ruido pueden ser internas o externas al motor, siendo estas, para el caso de la propulsión de hélices, las aspas, mientras que para la propulsión a reacción, la mezcla del chorro de gases con el aire exterior [Páez. 1991].

El ruido de aviones se caracteriza por tener un amplio rango de frecuencias con componentes periódicas, típico de las maquinarias rotatorias (aspas, ventiladores y rotores), sumadas a un ruido de fondo de banda ancha, el cual es provocado por la propagación de fluctuaciones de presión asociadas con el flujo turbulento de gases. En general, el ruido provocado por aviones a hélice es menor que el ruido provocado por los aviones a reacción, cuyo ruido tiene más componentes en altas frecuencias. Para un avión a reacción, las componentes periódicas tienden a ser más dominantes en el aterrizaje (dominio de frecuencias altas), mientras que en el despegue, el ruido de banda ancha es el que predomina.

Las principales fuentes de ruido provenientes de aviones y aeronaves son las siguientes: ruido de combustión (ruido de banda ancha y en frecuencias bajas), ruido de turbina (altas frecuencias provocadas en hélices de la turbina), ruido de chorro (ruido de banda ancha) y ruido de hélices (ruido de banda ancha con superposición de tonos discretos) [Páez. 1991].

Otra característica relevante de señalar, tiene lugar en el ruido provocado por el "estampido sónico", fenómeno que se produce cuando la aeronave se mueve a una velocidad mayor a la velocidad local del sonido, percibiéndose como una detonación de alta intensidad similar a un trueno distante, para dar paso al ruido habitual de un avión aunque con una intensidad mucho menor.

En cuanto a las potencias sonoras emitidas, se tiene que en la fase de despegue su valor es máximo dada la proximidad del avión con el suelo, mientras que para la fase de aterrizaje, el valor de la potencia sonora es más débil [Arenas & Gerges. 2004]. Ambas operaciones, tanto despegue como aterrizaje, son las causantes del mayor impacto en las cercanías de aeropuertos. En la siguiente figura, se puede observar un espectro típico del ruido de aviones de hélice y de reacción, ambos para la operación de despegue:

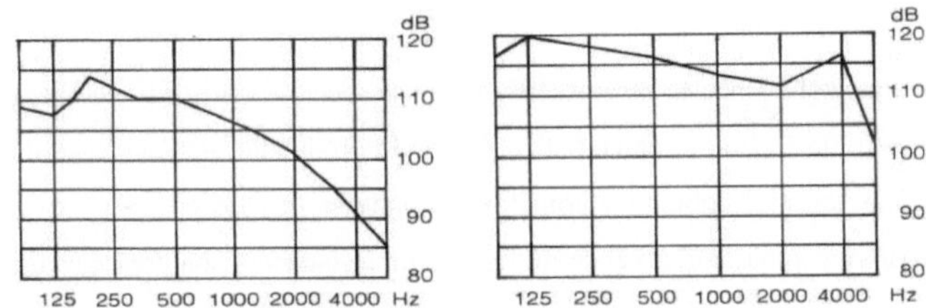

Figura 2.13: Espectros típicos del ruido de aviones a hélice (izquierda) y a reacción (derecha). Fuente: [Martín. 1996]

c) <u>Ruido del efecto corona en líneas de alta tensión</u>

Las líneas de alta tensión transfieren la energía eléctrica desde las fuentes generadoras hasta los centros de carga. En éstos, la energía es transformada a voltajes de menor intensidad en las subestaciones, para ser distribuida en líneas de menor tamaño para los usuarios [Fletcher & Bosnel. 1978]. Las propiedades eléctricas relacionadas con la operación de las líneas de alta tensión, tiene lugar en efectos del campo eléctrico y el efecto corona. Este último, se define como un fenómeno eléctrico que se produce en los conductores de las líneas de alta tensión y se manifiesta en forma de halo luminoso a su alrededor. Este efecto consiste en la ionización del aire que rodea a los conductores de alta tensión y que tiene lugar cuando el gradiente eléctrico supera la rigidez dieléctrica del aire, manifestándose en forma de pequeñas descargas a escasos centímetros de los cables, provocando, entre otros efectos, la emisión de energía acústica.

El ruido provocado por el efecto corona consiste en un zumbido de frecuencia baja (básicamente de 100 – 120 Hz.) provocado por el movimiento de los iones, sumado al de las descargas eléctricas (situado entre los 400 Hz. y 16 kHz.) [EIA. 2009]. El grado o intensidad de la descarga de la corona y el ruido audible están condicionados por diversos factores como el voltaje de la línea, el diseño del conductor e irregularidades en la superficie de éste y las condiciones ambientales, tales como la humedad, densidad, neblina, viento o lluvia [Fletcher & Bosnel. 1978]. Con respecto a estos últimos factores, la figura 2.14 muestra un espectro característico del ruido producido por una línea de alta tensión para tiempo soleado, nublado y con lluvia, donde es posible observar un incremento de hasta 10 dB al comparar el nivel de ruido con clima soleado y con presencia de lluvia.

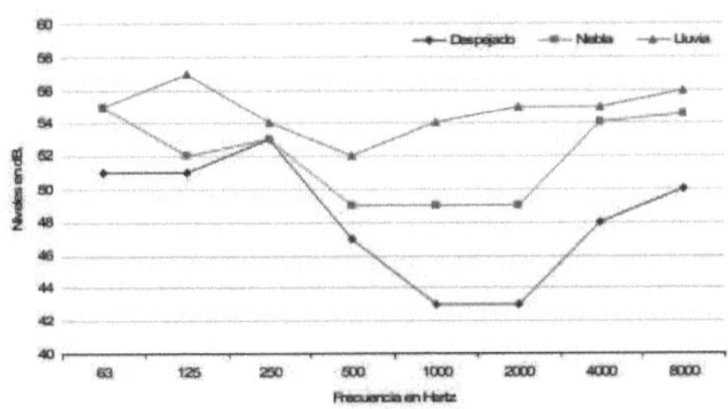

Figura 2.14: Espectro característico del ruido producido por una línea de alta tensión para diferentes condiciones climáticas. Fuente: [EIA. 2009]

d) <u>Ruido de aerogeneradores</u>

Las plantas de energía eólica, o también llamados parques eólicos, constan generalmente de decenas de turbinas de viento llamadas aerogeneradores, utilizadas para producir electricidad, abarcando una amplia zona geográfica. La energía eólica, es actualmente la energía de más rápido crecimiento en el mundo, aumentando considerablemente durante los últimos 20 años [Burdisso. 2014; Kikuchi. 2008].

El ruido de estas turbinas se asocia a la interacción entre el flujo de aire y el rotor de la estructura, dando lugar a un campo fluctuante de presiones. Características tales como la turbulencia del flujo, la geometría del rotor y el acabado superficial de las palas que lo componen influyen en tales fluctuaciones de nivel. De igual forma, el sistema de orientación del aerogenerador y la caja multiplicadora también constituyen fuentes de ruido. El aerogenerador es considerado una fuente emisora puntual, por lo que la propagación en el aire de sus emisiones se hace en forma de ondas esféricas [Cataldo & Gutiérrez. 2001].

Según Burdisso (2014), los aerogeneradores constan principalmente de dos tipos de fuentes de ruido, el mecánico y el aerodinámico. El ruido mecánico, tiende a ser tonal y asociado con la rotación de los componentes, sin embargo, las mejoras en el diseño mecánico, el uso de amortiguamiento acústico estructural y el aislamiento, han reducido significativamente el ruido de las fuentes mecánicas, causando que la principal emisión de los aerogeneradores modernos esté dominada por el ruido aerodinámico. Este tipo de ruido es generado por el flujo interactuando con las palas y se puede dividir en tres grupos:

i. <u>Ruido de baja frecuencia</u>: Se genera cuando la pala encuentra deficiencias en el flujo como la interacción de la pala con la torre, o flujo no uniforme producido por otras turbinas o el terreno. Esta fuente no es considerada de relevancia.

ii. <u>Ruido de turbulencia de entrada</u>: Es generada por la interacción de la turbulencia atmosférica con el borde de ataque de la pala. Este componente es de banda ancha y genera ruido a bajas frecuencias (<500 Hz.).

iii. <u>Ruido propio del perfil aerodinámico</u>: Este ruido es debido a la interacción de la capa límite con el borde de la fuga y puede ser de carácter tonal o de banda ancha. Los mecanismos asociados con esta fuente tienen relación con la turbulencia en la capa límite interactuando con el borde de la fuga, separación de flujo, desprendimiento de vórtices debido a inestabilidades de la capa límite laminar y por bordes de fuga truncados.

La figura 2.15 muestra el espectro característico de un aerogenerador, medido a diferentes distancias.

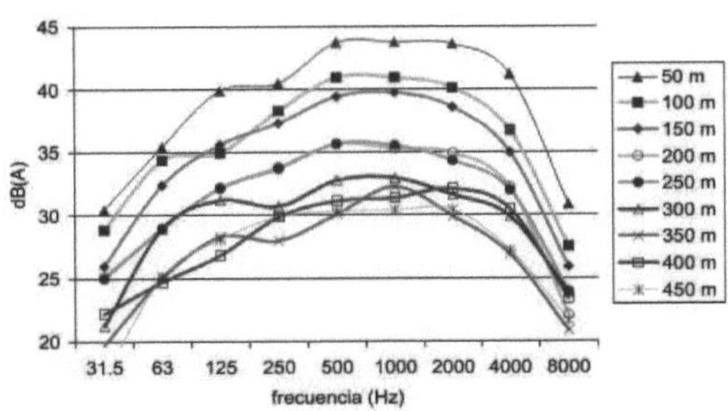

Figura 2.15: Espectros característicos de aerogeneradores para diferentes distancias de medición. Fuente: [Martínez et al. 2002]

e) <u>Ruido de la construcción</u>

El ruido de la construcción se caracteriza por sus niveles y espectros de ruido variables. En general, estos ruidos se generan en espacios abiertos que, a menudo, pertenecen a zonas sensibles al ruido. La fuente principal del ruido de la construcción está asociada a las maquinarias utilizadas, las cuales producen ruidos de carácter continuo, pero de niveles muy fluctuantes y que incluyen ruidos impulsivos. Otra fuente relevante corresponde al aumento en el flujo vehicular que las construcciones generan, debido al transporte de materiales y trabajadores por zonas que no están habituadas a vehículos pesados. Las maquinarias se pueden dividir en los siguientes grupos [Arenas & Gerges. 2004]:

i. <u>Maquinarias para el movimiento de tierra</u>: incluyen retroexcavadoras, palas mecánicas, compactadores, tractores, niveladoras, asfaltadoras, camiones, etc.

ii. <u>Maquinaria para la manipulación de materiales</u>: incluye grúas, mezcladoras, bombas de hormigonar, etc.

iii. <u>Maquinarias estáticas</u>: incluye generadores eléctricos, bombas, compresores, etc.

iv. <u>Maquinarias de impacto</u>: incluye a los martillos neumáticos, taladros de impacto, remachadoras, etc.

v. <u>Otras maquinarias</u>: Aquí se incluyen los vibradores, elementos de perforación, lijado y sierras.

A su vez, cada maquinaria tiene asociada diferentes fuentes que contribuyen a un nivel global de ruido. Por ejemplo, el ruido causado por los compresores (sistemas mecánicos compuestos por una parte fija y otra rotatoria, destinados a aumentar la presión de los fluidos), tiene como fuentes predominantes a la turbulencia del flujo, ya que el fluido no pasa suavemente; la separación del flujo, causado por la interacción del flujo con las partes fijas y rotativas (rotores); y el flujo no estacionario en las aspas de los rotores, que genera ruido en la frecuencia de rotación y en sus respectivos armónicos. En general, los compresores, al ser máquinas rotatorias de alta presión y baja velocidad de rotación, generan ruido en frecuencias bajas [Arenas & Gerges. 2004].

Por otro lado, algunas de las fases que involucran a las maquinarias descritas, se asocian a los siguientes procesos [Mosquera. 2003]:

i. <u>Despeje</u>: Esta etapa considera maquinaria de demolición, movimiento de tierras (uso de maquinaria pesada), tronaduras (uso de explosivos), limpieza del sitio y la construcción de acceso al recinto, utilizando por ejemplo, motosierras, tractores, demoledores, retroexcavadoras, cargadores frontales, etc.

ii. <u>Excavación</u>: Se refiere al proceso de nivelación y preparación del terreno a utilizar. Algunas de las maquinarias que se utilizan en esta etapa son retroexcavadoras, niveladoras, rodillos, compactadores, etc.

iii. <u>Fundación</u>: Esta etapa considera la cimentación de las bases de la obra en construcción. Algunas de las maquinarias que se utilizan son barrenadores, hincaduras de pilotes (uso de martinete), grúas, montacargas, betoneras, etc.

iv. <u>Obra gruesa</u>: Esta etapa considera el levantamiento de la obra en general, donde el funcionamiento de talleres se hace de forma más estable, utilizando maquinarias como sierras circulares, cepilladoras, soldadoras, esmeriles, trompos, betoneras, entre otras.

v. <u>Terminaciones</u>: Esta etapa se refiere al acabado de la obra en cuanto a sus terminaciones estructurales, donde se consideran trabajos de pintura, cerámicos, pulidos superficiales, cincelado de concreto, entre otras.

En cuanto a la estimación de los niveles generados por las fuentes de ruido en la etapa de construcción, la norma británica BS 5228 *"Code of practice for noise and vibration control on construction and open sites. Part I: Noise"* (2009), entrega recomendaciones de las metodologías básicas para el control de ruido asociado a la construcción, señalando el nivel de presión sonora, en banda de 1/1 octava, medido a 10 metros para una lista de equipamientos y maquinarias asociados a diversas fases como la demolición, preparación de terreno o construcción de carreteras [BSI. 2009].

2.3.6 Normativa ambiental

Como se mencionó anteriormente, las regulaciones que tienen relación con la protección del medio ambiente, la preservación de la naturaleza y la conservación del patrimonio ambiental, se basan en la LBMA [MINSEGPRES. 1994]. En el año 2010, se incorporan a esta Ley modificaciones sustanciales donde se rediseña la institucionalidad ambiental del país, a través de la publicación de la Ley N° 20.417 que tuvo por objetivo la creación del Ministerio, el Servicio de Evaluación Ambiental (en adelante SEA), y la

Superintendencia del Medio Ambiente (en adelante SMA), incorporando también la calidad de Tribunal Ambiental [MINSEGPRES. 2010].

EL SEIA, instrumento de gestión ambiental cuya administración está a cargo del SEA, permite introducir la dimensión ambiental en el diseño y la ejecución de los proyectos y actividades que se realizan en el país y su proceso de ingreso, aprobación y seguimiento, es regido según el RSEIA [MMA. 2012]. La ejecución y modificación de los proyectos y actividades, susceptibles de causar impacto ambiental y, que deberán someterse al SEIA ya sea de forma voluntaria o si su tipología de proyecto está descrita en el artículo 3° del RSEIA, sólo podrán llevarse a cabo previa evaluación de su impacto ambiental y una vez obtenido una Resolución de Calificación Ambiental (RCA) favorable. Es en este proceso de evaluación en que el Titular se hace cargo adecuadamente de los impactos ambientales que genera su proyecto, y se realiza mediante la presentación de una Declaración de Impacto Ambiental (en adelante DIA) o la elaboración de un Estudio de Impacto Ambiental (en adelante EIA), según corresponda.

Conforme a lo descrito en el artículo 4° del RSEIA, el Titular del proyecto que se someta al SEIA, lo hará presentando una DIA, salvo que dicho proyecto o actividad genere alguno de los efectos, características o circunstancias contemplados en el artículo 11° de la LBMA (artículo 3° en RSEIA), en cuyo caso deberá presentar un EIA. Los contenidos mínimos que se deben considerar en la elaboración de Estudios y Declaraciones, tienen lugar en los artículos 18° y 19° del RSEIA, respectivamente. En la figura 2.16 se puede apreciar un esquema del proceso de pertinencia de ingreso al SEIA.

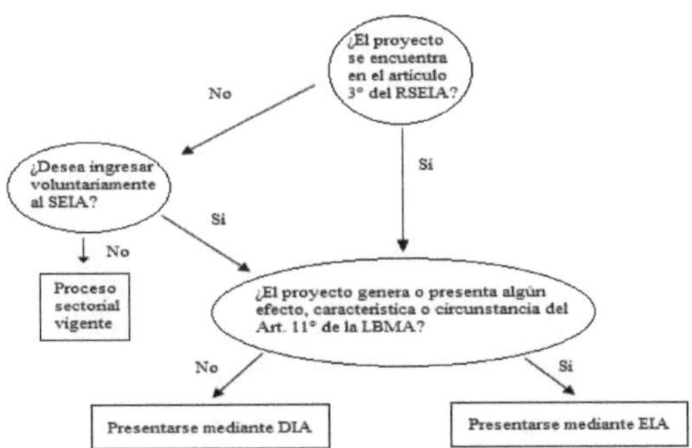

Figura 2.16: Esquema de pertinencia ingreso DIA o EIA. Fuente: [MMA. 2012]

Por otro lado, el impacto que puede tener el ruido ambiental sobre la fauna silvestre, tiene relación con los efectos, características o circunstancias señalados en el literal b) del artículo 11° de la LBMA, a saber:

b. Efectos adversos significativos sobre la cantidad y calidad de los recursos naturales renovables, incluido el suelo, agua y aire.

Donde, según lo señalado por el artículo 6° del RSEIA, como consecuencia de las emisiones del emplazamiento del proyecto, sus partes, obras o acciones; se afecta la permanencia del recurso, se altera la capacidad de regeneración o renovación del recurso y se alteran las condiciones que hacen posible la presencia y desarrollo de las especies y ecosistemas; con énfasis en los recursos propios del país que sean escasos, únicos o representativos. En la figura 2.17 se puede observar un esquema general sobre los criterios comentados, donde el ruido ambiental tiene una directa relación.

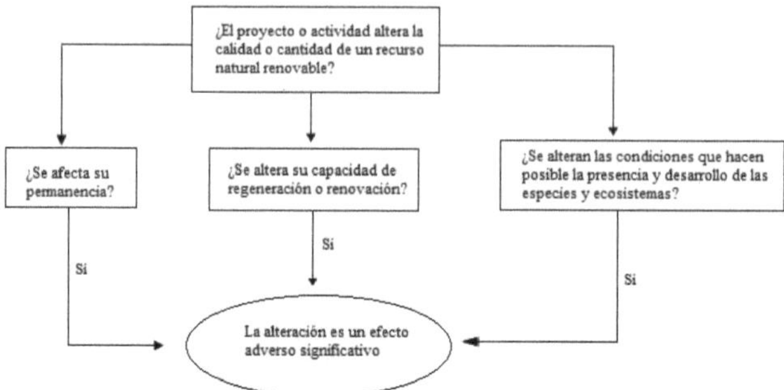

Figura 2.17: Esquema efectos adversos significativos sobre recursos naturales renovables. Fuente: [MMA. 2012]

Del mismo modo, con tal de evaluar si se presentan los criterios señalados, las consideraciones que tienen relación con el ruido son las siguientes:

d) La superación de los valores de las concentraciones establecidas en las normas secundarias de calidad ambiental vigentes o el aumento o disminución significativos, según corresponda, de la concentración por sobre los límites establecidos en éstas. A falta de tales normas, se utilizarán como referencia las normas vigentes en los Estados que se señalan en el artículo 11° del presente Reglamento. En caso de que no sea posible evaluar el efecto adverso de acuerdo a lo anterior, se considerará la magnitud y duración del efecto generado sobre la biota por el proyecto o actividad y su relación con la condición de línea de base.

e) La diferencia entre los niveles estimados de ruido con proyecto o actividad y el nivel de ruido de fondo representativo y característico del entorno donde se concentre fauna nativa asociada a hábitats de relevancia para su nidificación, reproducción o alimentación.

Con respecto al literal d) descrito, Chile no cuenta con una norma de calidad ambiental que establezca valores de las concentraciones y periodos, máximos y mínimos, en cuanto a ruido, ya sea de tipo primaria (considera riesgo para la vida o la salud de la población humana) o secundaria (considera riesgo para la protección o conservación del medio ambiente, o la preservación de la naturaleza). Por otro lado, la norma de emisión de ruido vigente en el país, D.S. N° 38/11 del MMA, tiene por objetivo la protección de la salud de la comunidad, más no considera a la fauna como receptor sensible al contaminante.

Sin embargo, en la *Guía de Evaluación Ambiental: Componente Fauna Silvestre* realizada por el Servicio Agrícola y Ganadero, en cuanto a la determinación si el efecto adverso por ruido es significativo, se describe el siguiente criterio de evaluación [SAG. 2012a]:

g) Ruido: Si bien es cierto que a nivel nacional no se cuenta con una normativa relacionada con este impacto sobre la fauna silvestre, se pueden utilizar normas de otros países como por ejemplo: "Effects of Noise on Wildlife and Other Animals", 1971, United States Environmental Protection Agency (EPA); norma que establece como referencia un máximo de 85 dB, para no generar efectos sobre fauna silvestre.

Cabe señalar que el mismo informe describe que no debe ser considerado como una norma o reglamento, así como tampoco representa necesariamente la visión oficial o política de la *U.S Environmental Protection Agency* [Fletcher. 1971].

Por otro lado, en la misma guía de evaluación mencionada, se tienen las siguientes recomendaciones en cuanto a la mitigación de ruido:

- *Utilizar vehículos y maquinarias con silenciadores.*
- *Medidas de amortiguación de ruido en época reproductiva o de hibernación.*
- *Los proyectos deberían concentrar las obras que generen mayor cantidad de ruido en las épocas más adecuadas.*

Finalmente, si bien hasta el momento de redacción de la presente tesis se desconoce alguna normativa extranjera que pudiese utilizarse como referencia, el trabajo de Martin y Grijota (2014), tras la revisión de Declaraciones de Impacto Ambiental realizadas entre los años 2003 y 2013 en España; advierte una evolución positiva en cuanto a la consideración del impacto del ruido sobre la fauna, debido principalmente a la aplicación de criterios temporales de emisión de ruido, considerando el distanciamiento o cese de actividades en periodos de nidificación y reproducción de la fauna potencialmente afectada. No obstante, advierten la poca aplicación de medidas correctoras para mitigar el impacto, aún cuando se tienen emisiones de ruido de consideración, además de la utilización de descriptores acústicos inadecuados para cuantificar la afectación sobre la fauna en ciertas normativas autónomas.

2.4 Efectos potenciales del ruido sobre la fauna

2.4.1 Respuestas en animales de laboratorio

En general, los efectos adversos que potencialmente[2] provoca el ruido antropogénico sobre las especies, se pueden categorizar en efectos auditivos, efectos fisiológicos y efectos

---

[2] En la mayoría de las experiencias que se tienen en cuanto a la afectación del ruido sobre la fauna, existen otros factores que pueden condicionar ciertos efectos documentados, provocando una sinergia donde, según Dooling & Popper (2007), se hace difícil aislar cada variable por sí sola, sobre todo para la fauna silvestre.

en el comportamiento; los cuales, a su vez, se clasifican en primarios y secundarios, tal como se describe en la siguiente tabla:

Tipos de Efectos	Efectos primarios	Efectos secundarios
Auditivas	Pérdida de audición	Cambios en relación depredador – presa
	Desplazamiento del umbral de audición	Reducción en funcionamiento
Fisiológicas	Tensión	Reducción capacidad reproductiva
	Cambios metabólicos	Sistema inmunológico debilitado
	Cambios hormonales	Reducción en funcionamiento
Comportamiento	Enmascaramiento de señales	Cambio en relación depredador - presa
		Reducción de población
	Respuestas evasivas	Fragmentación y pérdida de hábitat
		Interferencia en apareamiento

Tabla 2.1: Resumen efectos del ruido sobre la fauna.

Cierta cantidad de efectos de las respuestas auditivas y fisiológicas, y algunos de comportamiento, han sido documentados en informes elaborados para la *U.S. Environmental Protection Agency*, en los cuales se recopilaron variadas experiencias realizadas con animales de laboratorios, y en menor medida para fauna silvestre [Dufour. 1980; Fletcher. 1971]. Los estudios realizados en laboratorios se basaban en someter al animal a diferentes estímulos sonoros que iban desde ruidos de impacto (disparos, estampidos sónicos), ruido blanco y tonos puros, hasta *playback* de ruido de sobrevuelo de aviones, líneas de transmisión eléctrica y chorros de aire comprimido, entre otros. Los niveles con los cuales fueron emitidos estos estímulos variaban entre los 70 a 130 dB, bajo diferentes tiempos de exposición. Las especies con las cuales se dispusieron en aquellas experiencias, iban desde ratas, chinchillas, gatos, conejos o cerdos de guinea hasta perros y monos.

Los efectos auditivos que comúnmente fueron registrados, para exposiciones breves en altos niveles de presión sonora y una exposición prolongada con niveles moderados, iban desde la pérdida parcial o total de las células ciliadas, hasta el desplazamiento temporal del umbral de audición (TTS) y pérdida de la audición.

En cuanto a los efectos fisiológicos, los parámetros por los cuales las especies reaccionan ante este contaminante, radican en considerarlo como un factor de estrés principalmente, causando cambios fisiológicos similares a los inducidos por temperaturas extremas de calor o frío, dolor o angustia. El patrón general de respuestas al ruido como factor de estrés, considera un aumento en la presión sanguínea, cambios en pulsaciones cardiacas, glándulas suprarrenales y en la actividad digestiva y respiratoria, así como también efectos sobre el sistema reproductivo, relacionándolo con la fertilidad y apareamiento.

Finalmente, las respuestas de comportamiento para animales de laboratorio, manifestaron inicialmente comportamientos evasivos ante el estímulo, para luego dar pie a una alteración en reflejos, agresión, rechazo a comida y reducción al comportamiento social.

2.4.2   Respuestas en fauna silvestre

Según Popper & Hawkins (2012), las experiencias que se tienen en cuanto a las respuestas de comportamiento e interferencias en la comunicación acústica en ambientes submarinos, entregan los efectos más significativos en cuanto a la afectación por ruido, destacando desde cambios en la dirección y velocidad de desplazamiento en el nado y en la duración de inmersión, hasta variaciones en la respiración y en los comportamientos sociales de la fauna acuática.

Estos estudios han considerado la influencia de diversas fuentes de ruido ambiental, tales como las infraestructuras de transporte (tráfico vehicular, aéreo y marítimo), parques eólicos (terrestres como marítimos) o industrias, entre otros [Popper & Hawkins. 2012;

Barber et al. 2010b; Dooling & Popper. 2007]. Los efectos que han sido documentados tienen lugar en los siguientes grupos taxonómicos: peces, anfibios, aves, mamíferos terrestres y acuáticos. Sin embargo, pese a que la taxa de interés para la presente tesis tiene lugar en las aves, diversos efectos y variables pueden ser considerados para otros grupos de especies, lo que podría ser abordado con un mayor detalle en futuros trabajos.

Al respecto, la figura 2.20 grafica un esquema de la extensión de las zonas de impacto provocado por una fuente de ruido, independiente cuál sea esta y la fauna silvestre asociada como receptor.

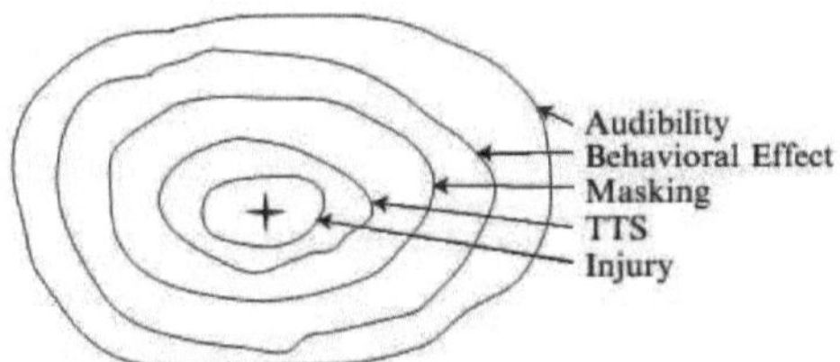

Figura 2.18: Extensión relativa de diferentes zonas de impacto provocadas por una fuente de ruido con sus potenciales efectos. Fuente: [Popper & Hawkins. 2012]

2.4.3 Respuestas de comportamiento en aves

2.4.3.1 Enmascaramiento frecuencial de vocalizaciones

El enmascaramiento se puede definir como el proceso por el cual un sonido interfiere en la detección de otro, y se da precisamente cuando una señal acústica coincide con la intervención de un ruido de fondo, provocando que su detección sea parcial o completamente deteriorada [Gallagher et al. 2003]. Específicamente, el enmascaramiento se refiere al aumento en el umbral para la detección o discriminación de un sonido (biológicamente importante), ante la presencia de otro [Dooling & Popper. 2007].

El ruido antropogénico puede generar esta interferencia en las aves afectando los procesos de interacción social, como la localización y discriminación de cantos del macho, la detección de mismas especies, el establecimiento y defensa del territorio, la detección del llamado de otros competidores y la mantención de la cohesión de los miembros de un grupo social. Sumado a ello, el enmascaramiento de los sonidos relacionados con la supervivencia, puede provocar desde una mayor dificultad en la evasión de depredadores hasta el aprendizaje de un canto simplificado o anormal, por parte de las crías [Marler & Slabbekoorn. 2004; Moreira. 2001].

Las respuestas de comportamiento que pueden generarse a partir del enmascaramiento frecuencial de las vocalizaciones tienen lugar tanto en una modificación de los parámetros acústicos presentes en los cantos, para aquellas aves paserinas que han desarrollado una "habituación" en los entornos con presencia de ruido ambiental; como en la generación de comportamientos evasivos, manifestados a través de respuestas de huída o abandono en aquellos sectores que tienen su presencia [Soto-Gamboa. 2014]. A continuación se detallan ambas respuestas de comportamiento:

a) <u>Modificaciones en parámetros acústicos del canto</u>

Conforme a lo descrito en el ítem 2.1.3, las modificaciones de los parámetros acústicos presentes en los cantos de las aves que se habitúan a entornos con presencia de ruido antropogénico, tienen lugar en los siguientes cambios:

i. <u>Modificaciones en las frecuencias</u>

Las aves tienden a modificar su contenido frecuencial, emitiendo cantos con frecuencias más agudas, particularmente en el valor de su frecuencia mínima [Uribe. 2013; Potvin et al. 2010; Gross et al. 2010; Nemeth & Brumm. 2009; Slabbekoorn & den Boer-

Visser. 2006; Wood & Yezerinac. 2006; Fernández-Juricic et al. 2005; Slabbekoorn & Peet. 2003]. A su vez, los autores han coincidido en que aparentemente esta modificación radica en la composición frecuencial del ruido urbano (énfasis en frecuencias graves), intentando evadir aquel rango de frecuencias que interfiere en su comunicación. Al respecto, se ha sugerido que las aves que tienen frecuencias dominantes más altas se habitúan mejor a ambientes con influencia de ruido urbano, mientras que las que utilizan un rango de vocalización en frecuencias más graves, estarían más propensas al enmascaramiento de sus señales [Soto-Gamboa et al. 2011; Mendes et al. 2010; Hu & Cardoso. 2009].

ii. Modificaciones en la amplitud

Las aves modifican la amplitud de sus vocalizaciones, siendo emitidas con un mayor nivel de presión sonora, provocándose el fenómeno conocido como *Lombard Effect.* Este efecto se define como un acto reflejo donde una especie aumenta su amplitud vocal con tal de mantener una relación señal ruido amplia [Warren et al. 2006].

iii. Modificaciones en la cantidad y duración

Ante la presencia de ruido antropogénico, las aves tienden a realizar una mayor tasa de vocalizaciones con sílabas de menor duración, lo que deriva en cantos más cortos pero repetitivos [Santana. 2011; Catchpole & Slater. 2008].

iv. Modificaciones en la temporalidad u ocurrencia

Se han documentado cambios temporales en el canto, modificando las horas idóneas en que comúnmente se realizaban, con tal de evadir los momentos en que se tienen mayores niveles de ruido [Gil et al. 2014; Pascual. 2012; Mendes et al. 2010; Fuller et al. 2007].

Con respecto a las modificaciones que se tienen en los parámetros acústicos de los cantos, diversos autores han coincidido en que esta variación tiene una implicancia energética importante en el ave, asociada a la contracción de músculos de la siringe para emitir tonos más agudos, en mayor cantidad y en momentos que comúnmente no acostumbraban, así como también un mayor consumo de oxígeno para emitir frecuencias con mayor amplitud [Gil et al. 2014; Mendes et al. 2011; Parris & Schneider. 2009; Fuller et al. 2007; Brumm. 2004; Slabbekoorn & Peet. 2003; Ward et al. 2003]. Asimismo, según Gil et al. (2014), el desplazamiento temporal de los cantos aumentaría la competitividad entre especies.

Por otro lado, conforme a lo descrito por Soto-Gamboa (2004), no todas las aves constan de las mismas modificaciones para poder adaptarse a entornos con ruido antropogénico, por lo que existirán especies que tendrán una mayor afectación (o menor "habituación") por sobre otras.

b) <u>Comportamientos evasivos</u>

Estos comportamientos están asociados a las siguientes respuestas:

i. <u>Respuestas de pánico y huída</u>

Estas reacciones se asocian principalmente a la presencia de ruidos imprevistos de alta intensidad, no periódicos y con un carácter temporal breve y abrupto; las cuales son características propias de los ruidos impulsivos [Moreira. 2001].

La huída de un ave ante la presencia de un ruido de impacto, puede significar un aumento significativo en el riesgo de contraer un accidente. Al respecto, se ha señalado que la muerte masiva de cerca de 3 mil Mirlos de alas rojas (*Agelaius phoeniceus: Passeriforme*) en las vísperas del 1° de Enero del año 2011 en la localidad de Beebe en

Arkansas, U.S.A., pudo haber sido provocada debido al ruido de los fuegos artificiales, causando estrés y desorientación en la bandada [Landeros. 2011].

A su vez, diversas experiencias recopiladas por Fletcher (1971), utilizando *playback* de llamadas de alerta a altos niveles de presión sonora, obtuvieron como respuesta la dispersión de bandadas hacia lugares aledaños a raíz del impacto. En el mismo informe, se cita al documento *"Committe on the Problem of Noise"* del año 1963, donde se señala que para provocar respuestas de huída en las aves, ante estímulos sonoros como explosiones y *playback* de llamadas de alerta, es necesario un nivel de presión sonora de 85 dB.

Por otro lado, se hace importante considerar que una salida repentina de un ave que está anidando, puede significar un pisoteo o una expulsión casual de la cría en el nido. Asimismo, el proceso de vuelo es considerado como la actividad que mayores implicancias energéticas acarrea para las aves, siendo para el orden de *Passeriformes*, especialmente las especies de menor tamaño, las que poseen menores niveles de reserva y deben compensar estos aumentos de energía con una alimentación inmediata [Moreira. 2001].

   ii.   <u>Respuestas de abandono</u>

Diversos estudios han constatado una reducción en la densidad poblacional, en la abundancia, en el uso de espacio y en los sitios de nidificación que se encuentran en las proximidades de diferentes fuentes de ruido antrópicas [Francis. 2015; Kociolek et al. 2011; Slabbekoorn & Ripmeester. 2008; Habib et al. 2007; Marler & Slabbekoorn. 2004; Bautista. 2004; Moreira. 2001; Stone. 2000]. La mayoría de éstos, ha considerado la influencia del tráfico vehicular como principal fuente de ruido, cuantificando la afectación mediante las siguientes metodologías:

- Comparación de densidad y abundancia en dos ambientes diferentes, ya sean en puntos cercanos y alejados de la carretera, en escenarios naturales con distinta vegetación como praderas y bosques, o en zonas urbanas y rurales;

- Comparación de uso de espacio según ciclo horario semanal, considerando días de mayor intensidad y volumen en el tráfico vehicular;

- Comparación de abundancia de nidos en puntos cercanos y alejados de las vías.

Según Moreira (2001), un animal puede abandonar un área afectada por la presencia de una perturbación, lo que puede acarrear desde el abandono de un nido hasta la pérdida de su hábitat, provocando una reducción en el éxito reproductivo para ambos casos. Asimismo, el desplazamiento de las especies hacia hábitats aledaños aumenta la población en éstos, causando agresividad y/o sobreexplotación de los recursos alimenticios, lo que, a largo plazo, puede provocar una disminución en la supervivencia.

2.4.4 Experiencias con efectos de fuentes de ruido ambiental sobre aves

i. <u>Tráfico vehicular</u>

Como se mencionó anteriormente, la principal fuente de ruido antropogénica tanto para humanos como para la fauna silvestre, tiene lugar en el ruido provocado por las infraestructuras de transporte, principalmente de tráfico vehicular. En cuanto a las aves, la figura 2.19 muestra una relación aproximada entre los niveles de presión sonora, distancias y potenciales efectos provocados por el ruido asociado a vías de alta velocidad, ya sea en su etapa de construcción como de operación.

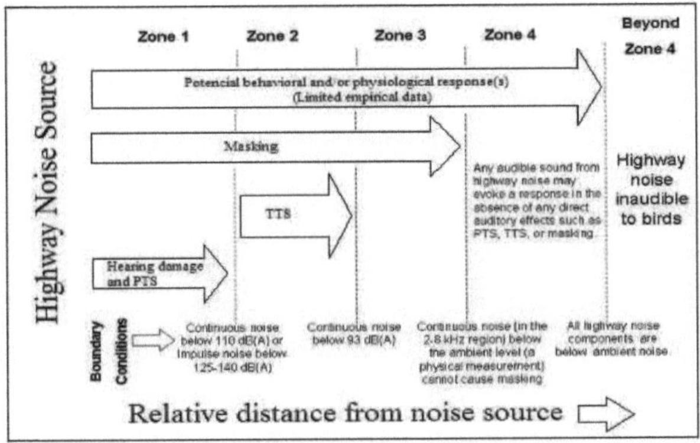

Figura 2.19: Efectos de carreteras sobre aves. Fuente: [Dooling & Popper. 2007]

Los límites señalados para cada zona, se basaron principalmente en valores promedio extraídos de la literatura, y su detalle es el siguiente [Dooling & Popper. 2007]:

- Zona 1: En esta zona se tiene que el impacto de un ruido continuo sobre los 110 dB(A) o un ruido de impulso sobre los 125 dB(A), probablemente causará un daño permanente sobre el ave (e.g. desplazamiento permanente del umbral de audición, *PTS,* o pérdida de ésta);

- Zona 2: De encontrarse un ave ante una exposición continua a niveles entre los 93 y 110 dB(A), podría causar un desplazamiento temporal en el umbral de audición, enmascaramiento de señales acústicas de importancia y efectos fisiológicos y de comportamiento;

- Zona 3: En esta zona, aún cuando se tenga cierta distancia a la fuente y, mientras el nivel del espectro del ruido de la carretera siga siendo igual o superior al ruido ambiente característico del entorno, existe la posibilidad de que se tenga un enmascaramiento de las señales acústicas;

- Zona 4: En esta zona se hace improbable que exista algún tipo de enmascaramiento en las frecuencias donde se realizan las vocalizaciones, considerando que el nivel del ruido de carretera está por debajo de los niveles basales del entorno en aquel rango frecuencial, sin embargo, la presencia de ruidos en otro rango de frecuencias (e.g. énfasis frecuencias graves por el paso de camiones) podría tener efectos fisiológicos y de comportamiento en el ave.

ii. <u>Tráfico aéreo</u>

Tal como se mencionó anteriormente, diversas especies de aves se han habituado a los entornos cercanos a aeropuertos mediante modificaciones en los parámetros acústicos de sus cantos. Un ejemplo de ello tiene lugar en las inmediaciones del aeropuerto de Barajas en Madrid, España, donde 10 especies de aves modificaron las horas idóneas para emitir su canto matinal, adelantándose al horario en que comúnmente los realizaban, con tal de evadir el horario de mayor tráfico aéreo [Pascual. 2012]. De igual forma, en Gil et al. (2014) se extendió el mismo estudio considerando diferentes aeropuertos de España y Alemania, obteniendo los mismos resultados comentados: las aves adelantan su canto matinal con tal de evadir las horas de mayor tráfico aéreo.

En Chile, la experiencia de Soto-Gamboa et al. (2011) se enfocó en evaluar los efectos en los patrones de vocalización de un ensamble de aves de matorral presentes en las inmediaciones del aeropuerto Arturo Merino Benítez en Santiago. Los resultados obtenidos manifestaron que la tasa de vocalización de las aves disminuye cuando están expuestas al ruido provocado por aviones, así como también se tiene una variación en la ocurrencia de los cantos.

Sin embargo, la presencia de avifauna en las inmediaciones de aeropuertos, ha sido materia de estudio debido al riesgo de colisión que se tiene con las aeronaves, pudiendo causar daños estructurales, interrupción de vuelos o hasta pérdida de vidas humanas; por lo que se han propuesto una serie de metodologías de dispersión utilizando ruidos de impacto (disparos de salvas de fogueo), eliminación controlada de ejemplares, repelentes visuales y acústicos, entre otras [Alcaíno & Pérez. 2004].

En cuanto a las experiencias que se tienen con sobrevuelos, Fletcher (1971) recopiló diversos estudios que coincidían en documentar comportamientos evasivos producto del ruido de aeronaves, ya sea en base a respuestas de huída o abandono. En ellos, se señala el impacto ambiental que provocó la presencia de aviones supersónicos sobre la nidificación del Charrán sombrío (*Onychoprion fuscatus: Charadriiformes*), provocando, después de 50 años de exitosa reproducción, el abandono del 99% de los nidos.

Por otro lado, a través del monitoreo acústico realizado por el Servicio de Parques Nacionales, se pudo concluir que los sobrevuelos que se dan a las horas de mayor tráfico aéreo sobre el Parque Nacional Yosemite (USA), han provocado un incremento de 3 a 5 dB en el ambiente sonoro natural del lugar, lo que equivale a una reducción del 45% en cuanto a la distancia por la que puede percibir una presa a su depredador, así como también una reducción del 70% en el tamaño del área en la cual un depredador busca a su presa [Barber et al. 2010a].

   iii. <u>Otras fuentes</u>

A través de la comparación de escenarios con presencia y ausencia de ruido antropogénico, se ha evaluado la influencia del ruido provocado por estaciones compresoras de gas y sus fuentes asociadas, resultando en una menor tasa de ocupación y densidad de aves paserinas en las cercanías de éstas [Bayne et al. 2008], además de una reducción en el proceso de reproducción [Habib et al. 2007]. Sin embargo, contrario a las hipótesis iniciales, el ruido de estas estaciones favoreció indirectamente la reproducción y nidificación de aves en áreas aledañas a las fuentes, como resultado de una alteración en la interacción depredador – presa [Francis et al. 2009].

En cuanto a los parques eólicos, pese a que el potencial riesgo de colisión contra la estructura de los aerogeneradores se indica como el principal impacto sobre las aves, en particular sobre especies en rutas migratorias, se ha documentado que el ruido generado por las turbinas eólicas provoca alteraciones en las respuestas de comportamiento [Kikuchi. 2008; Rabin et al. 2006].

Al igual que los aerogeneradores, el impacto que provocan las líneas de alta tensión en aves tiene relación con el posible riesgo de colisión, principalmente debido al alto número de conductores, la baja visibilidad del cable de guardia o la altura de las torres; además del riesgo de electrocución al producir el ave un contacto con dos conductores (cables energizados) simultáneamente, o con un conductor y una superficie conectada a tierra (torre) [SAG. 2013]. Asimismo, según Fletcher (1978), el ruido provocado por el efecto corona podría afectar tanto la relación depredador-presa como el éxito reproductivo.

Finalmente, se hace importante señalar que el ruido asociado a las líneas de alta tensión y parques eólicos, es un contaminante más dentro de otros factores que provocan un efecto sinérgico en cuanto a la afectación sobre aves y fauna silvestre en general.

3.   DESCRIPCIÓN DEL MÉTODO

3.1   Alcance de investigación

La presente investigación tuvo un alcance exploratorio, descriptivo y correlacional [Sampieri et al. 2010]. El alcance exploratorio se llevó a cabo a través de la recopilación, síntesis y revisión de antecedentes, de forma documental y de campo; investigando un tema en particular poco estudiado en Chile, identificando conceptos y variables promisorias y dando comienzo a una serie de nuevas metodologías en el área. El alcance descriptivo, que busca especificar propiedades, características y rasgos importantes de cualquier fenómeno que se analice, tuvo lugar en la definición de las características de dos variables, sumado a la visualización y descripción de la influencia que una tiene sobre la otra, recopilando diferentes tipos de muestras para cada variable. Finalmente, complementando lo mencionado en ambos alcances, el estudio tuvo un alcance correlacional debido a que midió y evaluó el grado de relación entre dos variables, cuantificando y analizando su vinculación.

3.2   Descripción de la muestra

Las unidades de análisis que se consideraron en este estudio, correspondieron a las especies de aves pertenecientes al orden de *Passeriformes* presentes en Chile y a las fuentes de ruido asociadas a las etapas de construcción y operación de proyectos y actividades de inversión que ingresan al SEIA. Con respecto a estas dos unidades de análisis, la información de relevancia con la cual se trabajó tuvo lugar en las características acústicas de ambas, siendo consideradas grabaciones de campo de vocalizaciones de aves paserinas presentes en Chile y la información espectral de las fuentes de ruido ambiental asociadas a un número de EIA definido, variables que representaron las muestras para esta tesis.

En cuanto a los registros de las vocalizaciones, se consideró como universo total el listado de aves paserinas cuya caza o captura se encuentra prohibida en Chile, según lo establecido en el artículo 4° del Reglamento de la Ley de Caza D.S. N° 5/1998 del Ministerio de Agricultura (Modificado por el D.S. N° 53/2003 del mismo Ministerio) [SAG. 2012b]. El listado, consta de un total de 137 especies distribuidas por familias, nombre común/científico y el estado de conservación por zona geográfica; de las cuales se recopilaron 126 registros de vocalizaciones pertenecientes a 49 especies, correspondiendo al 36% del universo total planteado.

Por otro lado, se seleccionaron 4 tipologías de proyectos y actividades cuyas fuentes de ruido ambiental asociadas a sus etapas de construcción y operación, presentaran un grado de intervención, perturbación e impacto sobre la fauna silvestre. Las cuatro tipologías seleccionadas corresponden al 6% del universo total, el cual es conformado por el listado de las 72 tipologías descritas en el artículo 3° del RSEIA [MMA. 2012].

Una vez seleccionadas las tipologías, se procedió a revisar un EIA por cada una, ya que las fuentes de ruido asociadas a cada fase no difieren mayormente entre proyectos y actividades de las mismas tipologías. Cada Estudio fue extraído del sitio web del SEIA y el criterio de selección tuvo lugar en los proyectos y actividades de las tipologías seleccionadas cuya Resolución de Calificación Ambiental (RCA) fuera favorable en los últimos 5 años (2009 - 2014). Sin embargo, para el caso de la tipología *e.1 - Aeropuertos*, fue necesario considerar un EIA aprobado el año 2003, dado que a partir de esa fecha los proyectos ingresados corresponden solamente a ampliaciones y mejoramientos de estas infraestructuras.

Sumado a lo anterior, se revisaron los capítulos de los 4 Estudios seleccionados, con tal de obtener una perspectiva general con respecto a la evaluación de impacto del ruido ambiental sobre la fauna silvestre, realizándose una comparación entre ellos.

3.3   Justificación de la muestra

A raíz de la investigación documental y de campo realizada, se pudo definir que el grupo taxonómico del que más se dispone de antecedentes, con respecto a la influencia del ruido sobre éstos, corresponde al de las aves, representando éste a la población de interés.

Durante la última década, la mayoría de las experiencias que han abordado esta influencia, han estudiado particularmente los cambios en las vocalizaciones de aves paserinas, dada su condición de "aves cantoras" producto de la estructura y complejidad que tiene la generación de sus cantos y llamados. Es por ello que, considerando la cantidad de estudios extranjeros relacionados con este orden de aves y su particularidad en la generación de vocalizaciones, la muestra correspondió al registro de vocalizaciones de aves paserinas obtenidos en Áreas Silvestres Protegidas[3] (en adelante ASP), zonas rurales y zonas residenciales (en menor grado) en Chile, sin la intervención de fuentes de ruido antrópicas de relevancia, en un formato sin compresión de audio. Este criterio tiene lugar en la utilización de muestras en ambientes naturales, cuyas vocalizaciones no se vieran alteradas por ciertas fuentes de ruido ambiental.

Con respecto al número de la muestra, ésta se basó en un porcentaje significativo del universo total bajo el cual se pudiesen establecer ciertas tendencias, siendo la elección del listado de aves paserinas determinado según los criterios y orientaciones de la investigación de campo.

Por otro lado, conforme a las orientaciones obtenidas mediante la investigación de campo y documental, se pudieron definir las tipologías de proyectos y actividades de las cuales se cuenta una con mayor cantidad de antecedentes relacionadas con sus fuentes de ruido, tanto para la etapa de construcción como la de operación.

---

[3] Áreas administradas por la Corporación Nacional Forestal (CONAF), cuya distribución abarca Parques Nacionales, Reservas Nacionales y Monumentos Naturales en Chile.

En relación a la etapa de construcción, pese a que tiene un carácter temporal, variando en el transcurso de meses, semanas, días y hasta horas; los niveles fluctuantes de sus maquinarias y la utilización de explosivos en la fase de despeje, justifican la importancia de conocer la afectación que éstas producen sobre la fauna silvestre y las aves en particular. Para ello, se consideraron los espectros sonoros tipos de cada proyecto representando la peor condición, es decir, bajo el funcionamiento simultáneo de sus fuentes de ruido asociadas.

Con respecto a la etapa de operación, sus fuentes de ruido han sido investigadas en diversos libros, artículos y revistas de Acústica durante los últimos años, dado el impacto y efectos adversos que tienen sobre la población humana. De igual forma, se ha documentado la influencia que ejercen estos tipos de fuentes sobre la fauna silvestre, destacándose los estudios relacionados con el impacto causado por las infraestructuras de transporte e industrias, principalmente.

3.4   Metodología

3.4.1   Descripción del proceso investigativo

A raíz de que se realizó una recolección de datos con el objetivo de visualizar un fenómeno y su análisis se basó en variables numéricas y herramientas computacionales; es que se consideró a esta investigación con un enfoque cuantitativo [Sampieri et al. 2010]. Las etapas asociadas tuvieron un orden secuencial que se detalla a continuación:

a) <u>Recopilación y revisión de antecedentes</u>

En esta etapa se llevó a cabo el proceso de levantamiento de información que permitió identificar los conceptos claves del estudio, mediante la realización de una investigación documental y de campo. La duración total de esta etapa se realizó entre los meses de Abril y Agosto del año 2014.

La investigación documental tuvo lugar en la recopilación y revisión de libros, trabajos de tesis, artículos y revistas relacionadas con las áreas de la Acústica, Biología y Ecología, principalmente. La mayoría de las publicaciones utilizadas fueron extraídas de fuentes como *EBSCOhost, ScienceDirect* y *SpringerLink,* entre otras, así como también del sitio web de la Sociedad Española de Acústica.

Por otro lado, la investigación de campo y parte de la investigación documental, se realizó en las dependencias del MMA durante el periodo de Abril y Agosto del año 2014. La investigación de campo en esta Institución fue realizada a través de reuniones y entrevistas libres con profesionales de la Sección de Acústica y Ondas Electromagnéticas de la División de Calidad del Aire y de la División de Recursos Naturales y Biodiversidad, en menor medida. Esta investigación permitió levantar información relacionada con el ruido ambiental y la fauna silvestre en Chile, en cuanto a sus conceptos generales, normativas ambientales y la evaluación de impacto ambiental para los proyectos y actividades que ingresan al SEIA.

En cuanto a la investigación documental realizada en el MMA, se dio apoyo a la Sección mediante la redacción de observaciones para Declaraciones y Estudios de Impacto Ambiental que ingresaban al SEIA, en relación al contaminante ruido y su influencia sobre la fauna silvestre. Este apoyo tuvo lugar en la revisión de 5 proyectos, detallados a continuación:

Nombre	Tipo	Región	Tipología	Fecha de ingreso
Parque Fotovoltaico La Huella	DIA	Interregional	c – Centrales generadoras de energía mayores a 3 MW	20/06/2014

Parque Solar Quilapilún	EIA	Metropolitana	c – Centrales generadoras de energía mayores a 3 MW	29/04/2014
Proyecto Nueva Línea 2x500 kV Charrúa-Ancoa: Tendido del primer conductor	EIA	Interregional	b1 - Líneas de Transmisión Eléctrica de alto voltaje	08/10/2013
Proyecto Continuidad Operacional Cerro Colorado	EIA	Primera	i4 – Proyecto de desarrollo minero correspondientes a petróleo y gas	18/07/2013
Plan de Expansión Chile LT 2x500 kV Cardones-Polpaico	EIA	Interregional	b1 - Líneas de Transmisión Eléctrica de alto voltaje	06/03/2014

Tabla 3.1: Proyectos y actividades revisados en investigación documental en MMA.

El desarrollo de ambas investigaciones en el MMA, permitió obtener los criterios y orientaciones tendientes a seleccionar las 4 tipologías de proyectos y actividades, con sus respectivos Estudios de Impacto Ambiental, de las cuales se cuenta con una mayor cantidad de información de sus fuentes de ruido en base a las características acústicas e influencia sobre la fauna silvestre y las aves en particular. Además, permitió identificar la información de relevancia para la comparación del contenido de los 4 proyectos, basado en los aspectos de interés para la presente tesis y el cumplimiento normativo del RSEIA.

Además de la investigación de campo realizada en el MMA, se realizaron reuniones y entrevistas libres con profesionales de consultoras ambientales y académicos de la Universidad Austral de Chile que tuvieran conocimiento en las áreas del ruido ambiental y la fauna silvestre. El detalle de todas las personas que colaboraron tanto en esta etapa como en posteriores, relacionadas con las grabaciones de campo de las vocalizaciones de aves paserinas y sus fotografías asociadas, tiene lugar en el documento anexo - *Listado profesionales y académicos*.

b) <u>Recopilación de registros vocalizaciones aves paserinas</u>

La búsqueda y recopilación de los registros de vocalizaciones de aves paserinas presentes en ASP, zonas rurales y zonas residenciales de Chile, según el listado de las 137 especies consideradas (Reglamento de la Ley de Caza), tuvo una duración de 3 meses (Agosto a Octubre 2014). Durante este periodo, se pudieron recopilar vocalizaciones de 49 especies del listado, valor que representa el 36% del universo total contemplado. Las fuentes de las que se pudo extraer esta cifra, fueron los siguientes:

i. Xeno-canto: Sitio web diseñado para compartir diferentes vocalizaciones de aves silvestres a nivel mundial, con el objetivo de apoyar iniciativas relacionadas con la educación, conservación y ciencias [XC. 2014]. Se solicitó a cada profesional o aficionado el formato original con el cual se realizó cada grabación, con lo cual se obtuvieron vocalizaciones de 18 aves paserinas presentes en Chile, en formato WAV. La autorización para hacer uso de cada audio en este proyecto, fue otorgada individualmente por cada profesional.

ii. Voces de aves chilenas: Disco compacto (CD) que contiene una variedad de vocalizaciones de aves chilenas, registradas y presentadas por el ornitólogo Sr. Guillermo Egli Müller. A través de este medio, se pudieron recopilar vocalizaciones de 35 aves paserinas presentes en Chile, en formato WAV.

iii. Avian vocalizations center: Sitio web cuyo objetivo es proporcionar una base de datos global de sonidos de aves silvestres en beneficio de investigaciones ornitológicas y ambientales, entregando herramientas para la conservación, educación e identificación y apreciación de aves y sus hábitats [AVOCET. 2014]. A través de este sitio, se pudieron descargar vocalizaciones de 19 especies de aves paserinas presentes en Chile, en formato WAV. La autorización para utilizar estos registros en el estudio, fue otorgada a través de su administradora Dra. Pamela Rasmussen.

iv. <u>Monitoreo acústico de aves y anfibios en el bosque costero valdiviano</u>: Libro y CD desarrollado en el marco de un Fondo de Protección Ambiental otorgado por el MMA, cuyo objetivo buscó explorar el uso de una herramienta acústica para el monitoreo de fauna con fines de conservación para poblaciones de aves y anfibios [Bartheld et al. 2011]. A través de este disco, se obtuvieron 12 vocalizaciones de aves paserinas presentes en Chile, en un formato WAV. La autorización para hacer uso de ellas se obtuvo gracias a uno de sus autores, Dr. Mauricio Soto-Gamboa.

El detalle de las grabaciones recopiladas, tanto en el listado de especies, su distribución geográfica y equipamientos, tiene lugar en el documento anexo – *Descripción de vocalizaciones*. Cabe señalar que estos registros corresponden a grabaciones de campo que no utilizaron alguna instrumentación específica para la medición de niveles de presión sonora, por lo que no se consideró a la variable de amplitud en posteriores análisis.

c) <u>Recopilación de Estudios de Impacto Ambiental</u>

En primera instancia, una vez seleccionadas las cuatro tipologías de proyectos cuyas fuentes de ruido ambiental presentaran un grado de intervención, perturbación e impacto sobre la fauna silvestre; se procedió a la búsqueda y selección de los proyectos en la plataforma web del SEA, lo cual fue realizado en el mes de Octubre del año 2014. El criterio de selección se realizó según lo señalado en el ítem 3.2 y, dado que los proyectos de las mismas tipologías no difieren mayormente en las fuentes de ruido que utilizan, se escogió un Estudio para cada tipología, los cuales se detallan en la tabla 3.2. Sumado a ello, el vínculo de cada proyecto y sus fuentes de ruido asociadas tiene lugar en el documento anexo – *Listado fuentes de ruido ambiental por EIA*.

Nombre	Tipo	Región	Tipología	Fecha de ingreso
Línea de Transmisión	EIA	Antofagasta	b1 - Líneas de Transmisión	03/08/2012

Eléctrica Cerro Pabellón			Eléctrica de alto voltaje	
Parque Eólico Sarco	EIA	Atacama	c – Centrales generadoras de energía mayores a 3 MW	01/10/2012
Nuevo Aeropuerto de la IV Región	EIA	Coquimbo	e.1 – Aeropuertos	22/08/2003
Mejoramiento Ruta 199-CH, sector Puesco Paso Mamuil – Malal	EIA	Araucanía	e.8 – Caminos públicos que puedan afectar áreas protegidas	17/01/2012

Tabla 3.2: Resumen de proyectos seleccionados.

d) <u>Recopilación de información espectral fuentes de ruido ambiental.</u>

Esta etapa se basó principalmente en la búsqueda y recolección de la información espectral de las fuentes de ruido contenidas en los EIA seleccionados. Para las fuentes asociadas a la fase de construcción, la mayoría de los Estudios consideró la información espectral contenida en el anexo C de la norma técnica británica BS 5228-1:2009 [BSI. 2009], además de referencias bibliográficas y mediciones realizadas por las propias empresas consultoras de Acústica.

Por otro lado, la recopilación de la información espectral de las fuentes asociadas a la fase de operación, tuvo lugar en referencias bibliográficas, estándares internacionales y mediciones propias de las empresas consultoras de Acústica. En cuanto a la información espectral de los modelos de aeronaves, se utilizó la base de datos contenida en el reporte técnico *Spectral Classes* del software *Integrated Noise Model,* en su versión 6.0 [FAA. 1999].

En una primera instancia, se importaron los audios recopilados en el software Cubase 5, en su versión 5.1.0 [Steinberg. 2009], donde cada registro fue normalizado a –6 dB y exportado individualmente en señales monofónicas. Posterior a ello, las grabaciones fueron importadas en el software *Raven Pro,* versión 1.5 [BRP. 2013], donde se visualizó cada espectrograma en una ventana tipo *Hamming* de 1024 muestras de resolución, ajustando el rango dinámico (escala de grises) de la visualización en un umbral de 75 dB, correspondiendo a los parámetros de 70 % de brillo y un 100 % de contraste.

Cabe señalar que la definición de un umbral de amplitud (ajuste de rango dinámico) permitió que la visualización del espectrograma mostrara de mejor manera el rango de frecuencias contenido en la vocalización del ave objetivo, omitiendo visualmente el contenido frecuencial de otras fuentes sonoras como los sonidos de aguas fluviales, el sonido del roce del viento sobre el follaje o las vocalizaciones de otras aves.

A través de esta visualización se ubicaron los cantos y llamados de las aves paserinas en estudio, presentes en cada registro, seleccionando la región que conforma cada vocalización con la herramienta *Create Selection Mode.* Una vez seleccionada la región de la vocalización de interés, se obtuvieron los parámetros acústicos de interés para esta tesis, vale decir las variables de frecuencia mínima, frecuencia máxima, ancho de banda y frecuencia peak. En la figura 3.1 se muestra la selección del canto de un Chincol, conformado por 4 sílabas que componen una frase, de la cual fueron extraídas las variables mencionadas.

Se hace importante mencionar que la metodología utilizada tanto en la visualización del espectrograma y la extracción de las variables de interés, tienen lugar en experiencias realizadas con anterioridad [Cardoso & Atwell. 2011; Slabbekoorn & den Boer-Visser. 2006; Wood & Yezerinac. 2006].

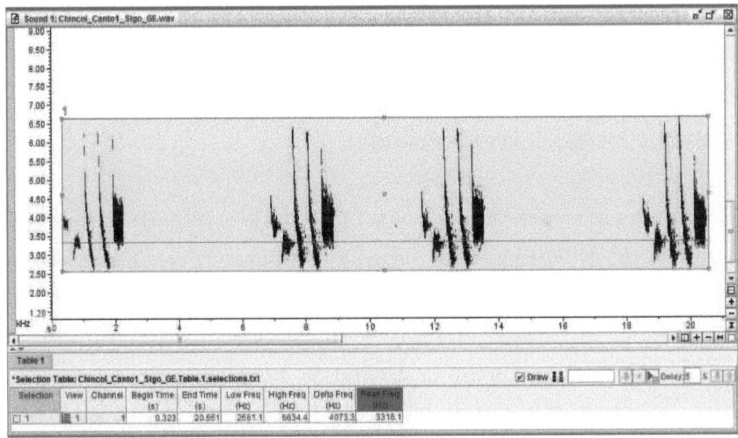

Figura 3.1: Extracción de parámetros en Raven Pro. Visualización del canto de un Chincol.

f) <u>Análisis de vocalizaciones</u>

El análisis de las vocalizaciones se basó en la extracción de los parámetros acústicos contenidos en cada registro, mencionados en el literal anterior. En primera instancia, se analizaron los valores obtenidos de frecuencia mínima, frecuencia máxima, ancho de banda y frecuencia peak, en cuanto a su distribución total y específica por cada parámetro; para luego compararlos con los valores extraídos de la literatura y establecer alguna tendencia.

Posterior a ello, se realizó un análisis entre los diferentes tipos de vocalizaciones, tanto para aves paserinas de una misma especie (intraespecífica) como de diferentes (interespecífica), utilizando los valores límite (mínimos, máximos y diferencias entre ambos) y promedio de los parámetros de frecuencia mínima, frecuencia máxima, ancho de banda y frecuencia peak. En relación a esta última variable, se analizó su distribución según la cantidad de vocalizaciones que se tienen de cada especie y según las bandas de octava donde se ubica cada frecuencia peak, con tal de evidenciar el grado de dispersión que puede tener este parámetro para cada especie y asociarlo a las condiciones técnicas y ambientales con las cuales fueron registradas las vocalizaciones.

g) <u>Análisis Estudios de Impacto Ambiental</u>

En esta etapa se procedió a revisar cada EIA según los contenidos mínimos señalados en el artículo 18° del RSEIA, dando énfasis a la información asociada a ruido y fauna silvestre. En primera instancia, se presentó un resumen que contiene la información general de cada proyecto seleccionado, en cuanto a sus objetivos, localización y modalidad de ingreso al SEIA. Luego, se revisó la información disponible en los capítulos de cada proyecto, evaluándola según el planteamiento de diversas preguntas asociadas a los contenidos mínimos descritos en el artículo 18° del RSEIA y la información de interés tanto de ruido como de fauna silvestre. El detalle de la información obtenida y el planteamiento de preguntas por capítulo, tiene lugar en el documento anexo – *Preguntas relevantes revisión EIA*. Finalmente, se sintetizó toda la información extraída de los aspectos relevantes de los proyectos en una tabla de contenidos por capítulo, mediante la cual se realizó un análisis general de los proyectos conforme al cumplimiento normativo del RSEIA, además de analizar sus Informes Consolidados de Solicitud de Aclaraciones, Rectificaciones o Ampliaciones (ICSARA) y sus respectivas Adendas.

h) <u>Presentación fuentes de ruido ambiental y presencia de aves paserinas en los EIA</u>

Una vez revisado y analizado cada proyecto, se ubicaron las fuentes de ruido asociadas a las etapas de construcción y operación, de las cuales se completa un cuadro con el espectro sonoro por banda de 1/1 octava para cada una, considerando su contribución energética tanto individual como colectiva. Sumado a ello, se identifican las aves paserinas presentes en cada proyecto de las cuales se cuenta con registros sonoros de sus vocalizaciones.

i) <u>Análisis general</u>

Una vez realizados los análisis de las vocalizaciones de aves paserinas y de los EIA, se identificaron los escenarios de cada proyecto donde existiese algún grado de afectación por parte de las fuentes de ruido sobre las aves paserinas presentes en cada uno, basado en las respuestas de comportamiento (respuestas evasivas e interferencia de señales acústicas) que puede generar el enmascaramiento frecuencial de sus vocalizaciones.

En relación a las respuestas evasivas, se consideraron solamente las características acústicas de las fuentes de ruido que sean susceptibles de generarlas, siendo su cuantificación y evaluación materia para futuras líneas de investigación.

Con respecto a la interferencia generada por el enmascaramiento frecuencial de las vocalizaciones, se diseñó un software ejecutable mediante la herramienta Interfaz Gráfica de Usuario (GUI) del software *Matlab R2013b* en su versión 8.2.0.701 [MATLAB. 2013], que permitió visualizar las gráficas de los espectros de frecuencias de las fuentes sonoras de cada EIA (funcionamiento simultáneo o individual, según sea el caso) y los parámetros acústicos asociados a las vocalizaciones de las aves paserinas presentes en cada proyecto (variables extraídas), junto con la imagen de cada una y un extracto sonoro de sus cantos o llamados.

Sumado a ello, se tiene una tercera gráfica (parte inferior del software ejecutable) que agrupa tanto los escenarios sonoros como las variables de las aves paserinas en una misma imagen, considerando inicialmente una distancia dada por la información espectral asociada a cada fuente de ruido y luego una condición crítica donde la atenuación del espectro para cada banda de octava tuvo lugar en la utilización de la norma técnica ISO 9613-1:1993. Cabe señalar que esta norma considera la atenuación del sonido por cada banda de 1/1 octava producto de la absorción atmosférica para diversas condiciones meteorológicas, por lo que se utilizaron los datos de temperatura y humedad relativa contenidos en cada EIA.

Dado que la norma ISO 9613 no contempla su utilización para la predicción de niveles generados por *"ondas explosivas originadas en la minería, faenas militares y actividades similares"*, es que no se consideró el evento de tronadura presente en uno de los proyectos.

En cuanto a la caracterización de las vocalizaciones de aves paserinas utilizadas en el software, se asumieron como constantes las diferencias que se tienen en la distribución geográfica y en las versiones de las vocalizaciones, además de las condiciones técnicas y metodológicas por las cuales se llevaron a cabo los registros.

En atención a aquello, se consideró al rango de frecuencias máximo presente en las vocalizaciones, utilizando el menor valor de sus frecuencias mínimas y el mayor valor de sus frecuencias máximas. En cuanto a la variable de frecuencia peak, se utilizaron todos los valores extraídos por especie, siendo asociados cada uno a la banda de 1/1 octava que le corresponde. Lo anterior tanto para la variable de frecuencia peak y frecuencias límites, visualizándose en la tercera gráfica comentada.

Dado que las amplitudes fueron consideradas como relativas, se asumió un valor representativo para cada variable (figura 3.2), según los siguientes criterios:

i. Las experiencias de ratios críticos entregan una relación señal-ruido de 30 dB (peor condición) como el valor por el cual un ave paserina puede detectar una vocalización tonal de otra, en presencia de un ruido de fondo de nivel conocido [Dooling & Popper. 2007]. Por tanto, se asumió que este valor corresponde a la diferencia entre la amplitud de la frecuencia peak y la de las frecuencias límites.

ii. Según la experiencia realizada por Ritschard et al. (2011), en condiciones de laboratorio, la amplitud medida a un metro de distancia de un ave paserina tiene un nivel de presión sonora peak cercano a los 53 dB, por lo que se consideró a este valor como la amplitud representativa de la variable de frecuencia peak.

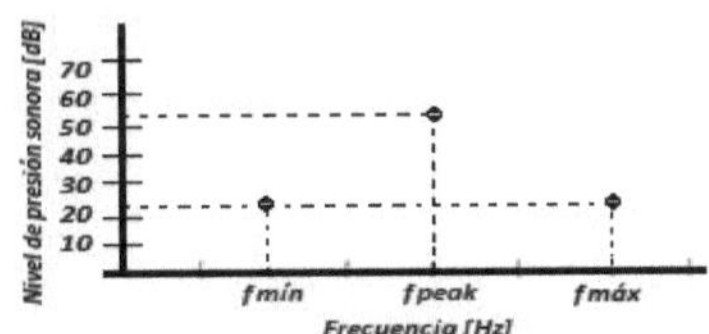

Figura 3.2: Amplitudes por variables extraídas.

Cabe destacar que la asunción de estas variables o supuestos, en cuanto al diseño del software ejecutable, si bien requieren un estudio acabado para cada escenario y condiciones en particular, se pueden considerar como válidos dado los alcances del trabajo de tesis.

En relación al algoritmo utilizado en la programación del software ejecutable, éste tiene lugar en el documento anexo – *Algoritmo GUI Matlab.*

4. PRESENTACIÓN Y ANÁLISIS DE RESULTADOS

Tanto la presentación como el análisis de los resultados obtenidos en esta investigación, serán organizados en:

- Presentación de vocalizaciones aves paserinas.
- Presentación de Estudios de Impacto Ambiental.
- Fuentes de ruido ambiental y presencia de aves paserinas en EIA.
- Análisis de vocalizaciones aves paserinas.
- Análisis de Estudios de Impacto Ambiental.
- Análisis escenarios sonoros por EIA.

4.1   Presentación de resultados

4.1.1   Vocalizaciones aves paserinas

La tabla 4.1 muestra los valores de frecuencia mínima, frecuencia máxima, ancho de banda y frecuencia peak de los cantos (76) y llamados (50) seleccionados, presentes en las vocalizaciones de las aves paserinas en estudio (49). En algunos casos, se tienen diversos tipos de cantos o llamados para una misma especie. Sumado a ello, se describe el nombre común de cada especie, la fuente de donde fue extraído su registro, el tipo de vocalización y la banda de 1/1 octava donde se ubican los valores de sus frecuencias peak.

Nombre común	Fuente[4]	Tipo de Vocalización	Frecuencia Mínima (Hz)	Frecuencia Máxima (Hz)	Ancho de Banda (Hz)	Frecuencia Peak (Hz)	Banda de 1/1 octava frecuencia peak (Hz)
Bailarín chico	GE	Canto	1259	7124	5865	2067	2k
Bandurrilla	GE	Llamado	2647	5139	2492	3531	4k
Cachudito	GE	Llamado	1684	6828	5144	4220	4k
		Canto	1167	6774	5607	4694	
	XC	Llamado 1	2533	5922	3389	4134	
		Llamado 2	2147	6751	4604	5297	
	MON	Llamado	2861	4700	1840	3747	
Canastero	GE	Canto	1210	5937	4727	3488	4k y 8k
	AVOCET	Llamado	3238	8184	4946	5728	
	XC	Llamado	3097	8438	5341	4436	
Canastero de cola larga	GE	Llamado	2013	10070	8057	5685	4k y 8k
		Canto	1502	8461	6959	4953	
Canastero del norte	AVOCET	Llamado	2811	6114	3303	4134	4k
Chercán común	GE	Canto 1	1071	6161	5090	2282	2k, 4k y 8k
		Canto 2	1092	6514	5422	2067	
		Llamado	1200	7278	6078	4479	
	XC	Canto	1593	8454	6861	3704	
		Llamado	2226	8400	6175	6331	
Chercán de las vegas	GE	Canto	2541	6465	3924	3790	4k
Chincol	GE	Canto 1	2561	6634	4073	3316	4k
		Canto 2	2556	6592	4037	3747	
		Canto 3	2034	7371	5337	4091	
		Canto 4	1972	5253	3281	4005	
	XC	Llamado 1	3551	7161	3610	4910	
		Canto	2895	6223	3328	4953	
Chiricoca	AVOCET	Llamado	1940	5742	3802	4866	4k
Chucao	GE	Llamado	444	2021	1576	861	1k, 2k y 4k
		Canto 1	676	8512	7836	1378	
		Canto 2	644	5472	4828	1378	
		Canto 3	498	13951	13453	3273	
	XC	Canto	926	5966	5040	1421	
	MON	Canto 1	795	7017	6222	2282	
		Canto 2	861	11639	10778	3962	
Churrete chico	AVOCET	Llamado	4094	5573	1480	5082	4k
Churrín	GE	Canto	956	4109	3153	1292	1k

---

[4] GE: CD *"Voces de aves chilenas"* de Guillermo Egli; AVOCET: Sitio web Avian Vocalization Center; XC: Sitio web Xeno Canto; MON: CD *"Monitoreo acústico de aves y anfibios del bosque costero valdiviano"* de Bartheld et al. (2011).

Churrín de la mocha	GE	Canto	798	3628	2830	2670	2k, 4k y 8k
	AVOCET	Canto 1	1295	3587	2293	2670	
		Canto 2	1165	3741	2577	2713	
	XC	Canto 1	4324	9355	5032	7752	
		Canto 2	831	3668	2837	2799	
	MON	Canto	950	3697	2747	3187	
Churrín del sur	GE	Llamado	926	4746	3820	1723	2k, 4k y 8k
		Llamado 2	1009	4941	3932	3618	
		Canto	1218	5788	4570	3015	
	MON	Canto 1	1745	4333	2588	3790	
		Canto 2	1500	5651	4150	3531	
		Llamado	2465	14613	12148	5685	
Colilarga	GE	Canto	1279	5942	4663	3790	4k
		Llamado	1165	5933	4768	3144	
	XC	Llamado	1270	8041	6771	4479	
	MON	Llamado	2297	3619	1321	3273	
Comesebo chico	AVOCET	Canto 1	5173	7978	2805	6589	8k
		Canto 2	4509	8614	4105	6718	
Comesebo del tamarugal	GE	Canto	2252	10736	8484	7278	8k
	AVOCET	Canto 1	2548	10438	7890	6202	
		Canto 2	2386	10621	8236	8269	
		Canto 3	2411	10371	7959	6374	
		Llamado	6941	9889	2948	7924	
Comesebo grande	GE	Llamado	2152	6939	4786	4048	4k
	MON	Llamado	3055	5526	2471	4048	
Cometocino del norte	GE	Canto	2624	5484	2860	3833	4k
	XC	Llamado	3873	4826	953	4134	
	AVOCET	Canto	2417	6298	3881	4393	
Cometocino patagónico	GE	Canto 1	2194	6374	4180	3704	4k y 8k
		Canto 2	1986	6798	4813	3704	
		Llamado	1655	11439	9785	5469	
	XC	Llamado	2095	9296	7201	5728	
	MON	Canto	1959	5779	3820	4177	
Corbatita	AVOCET	Canto	3005	8388	5383	4393	4k
Diuca de alas blancas	AVOCET	Llamado	3558	6969	3411	4565	4k
Diucón	GE	Canto	1768	4237	2469	2369	2k y 8k
	AVOCET	Llamado	5106	7988	2882	5728	
	XC	Canto	1995	5143	3148	2326	
	MON	Canto	1974	4631	2656	2584	
Dormilona chica	AVOCET	Llamado	2394	3412	1018	3144	4k
Dormilona de frente negra	AVOCET	Llamado 1	4150	5106	956	4651	4k
		Llamado 2	3581	4788	1207	4436	
Fío-fío	GE	Llamado 1	1583	3523	1940	2885	2k y 4k
		Llamado 2	1559	3144	1585	2670	
		Canto 1	1505	4139	2634	2498	
		Canto 2	1150	5964	4814	3187	
	MON	Llamado 1	1734	2952	1217	2627	
		Llamado 2	1936	10012	8076	3015	

Golondrina chilena	GE	Canto	1198	8155	6956	2928	4k
Hued-hued castaño	XC	Canto	3738	6616	2878	4048	4k
Hued-hued del sur	GE	Llamado	473	12580	12106	2024	500, 1k y 2k
		Canto 1	533	12258	11725	947	
		Canto 2	457	1617	1160	1034	
	XC	Llamado 1	375	12093	11718	2282	
		Llamado 2	345	11376	11031	1938	
	MON	Canto 1	340	1783	1443	1206	
		Canto 2	311	1075	764	517	
Loica	GE	Canto	1886	8521	6635	3790	4k
	XC	Canto 1	1714	9009	7294	3661	
		Canto 2	1256	11237	9980	4005	
Minero cordillerano	XC	Canto	1781	6084	4302	4048	4k
Naranjero	AVOCET	Llamado	2807	5507	2701	3101	4k
Pájaro amarillo	GE	Canto	1290	5522	4232	3058	4k
Pájaro plomo	AVOCET	Llamado	4774	7929	3155	7149	8k
Pizarrita	AVOCET	Llamado	6769	7926	1157	7580	8k
Platero	GE	Canto	2646	8436	5990	4177	4k
Rara	GE	Canto 1	629	4444	3815	2670	2k y 4k
		Canto 2	1276	5176	3900	2972	
Rayadito	GE	Llamado 1	2582	7716	5134	4522	4k
		Llamado 2	2656	7154	4499	4651	
	MON	Canto	3204	10008	6804	4780	
Saca-tu-real	AVOCET	Canto	2503	4244	1741	3445	4k
Siete-colores	GE	Canto	934	4789	3855	1981	2k
Tapaculo	GE	Canto	327	2467	2141	904	1k
	XC	Canto	641	830	189	732	
Tenca	GE	Canto	802	6950	6148	2670	2k y 4k
	XC	Canto	979	12706	11727	3015	
Tijeral	GE	Llamado	1842	8660	6818	4694	4k
		Canto	1282	7059	5777	4823	
	AVOCET	Llamado 2	2690	8028	5338	5383	
Trabajador	GE	Canto	268	8670	8402	2067	2k y 4k
	XC	Llamado	1007	7846	6839	5082	
Trile	GE	Canto	891	7677	6785	2799	2k
Turca	GE	Canto 1	328	5067	4739	1077	1k y 2k
		Canto 2	392	3423	3031	1077	
	AVOCET	Canto 2	607	1300	694	1034	
	XC	Canto	760	1841	1081	1464	
		Llamado	1306	3370	2064	1680	
Viudita	GE	Llamado	3037	5042	2004	4393	4k
	MON	Llamado	3630	5061	1431	4264	
Zorzal negro	GE	Canto	1464	10985	9522	3402	4k

Tabla 4.1: Listado valores de frecuencias aves paserinas.

4.1.2   Estudios de Impacto Ambiental

4.1.2.1   Resumen general de cada EIA

A continuación se presenta un resumen general de cada EIA seleccionado, considerando el objetivo general del proyecto, su localización y modalidad de ingreso al SEIA.

a) <u>Línea de Transmisión Eléctrica Cerro Pabellón</u>

El proyecto tiene por objetivo la inyección de energía de origen renovable no convencional al Sistema Interconectado del Norte Grande, mediante una Línea de Transmisión Eléctrica (LTE) en 220 kV desde la proyectada Subestación Eléctrica (S/E) Cerro Pabellón a la existente S/E El Abra. Su localización tiene lugar en las comunas de Calama y Ollagüe, ambas de la Provincia de El Loa, Región de Antofagasta, fuera del límite urbano definido en los planos reguladores de dichas comunas. Su modalidad de ingreso al SEIA, se realizó a través de un EIA presentado el día 3 de Agosto de 2012 y cuya RCA resultó favorable con fecha 11 de Julio de 2013.

b) <u>Parque Eólico Sarco</u>

El proyecto consiste en la construcción, instalación y operación de una central eólica formada por 95 aerogeneradores de hasta 2.5 MW de potencia, una S/E de salida, una S/E de seccionadora y redes de conducción aérea y subterránea. Su localización tiene lugar en la comuna de Freirina, Provincia de Huasco, Región de Atacama, específicamente a 50 km. del poblado con el mismo nombre de la comuna. Su modalidad de ingreso al SEIA se realizó a través de un EIA presentado el día 1 de Octubre de 2012 y cuya RCA fue favorable con fecha 5 de Febrero de 2014.

c) <u>Nuevo Aeropuerto de la IV Región</u>

Este proyecto consiste en la construcción de un aeropuerto para pasajeros y eventualmente de carga. Su localización tiene lugar entre Guanaqueros y Tongoy, en el kilómetro 430 de la Ruta 5 Norte, a 42 km. de la ciudad de La Serena, Región de Coquimbo. Su modalidad de ingreso al SEIA se realizó a través de un EIA presentado el día 22 de Agosto de 2003 y cuya RCA fue favorable con fecha 30 de Diciembre de 2003.

d) <u>Mejoramiento Ruta 199-CH, sector Puesco – Paso Mamuil Malal</u>

El proyecto consiste en la realización de obras de mejoramiento en un sector de la Ruta 199-CH, que permitan garantizar un adecuado acceso al Parque Nacional Villarrica y un tránsito seguro, cómodo y expedito de los vehículos desde y hacia la República de Argentina. El proyecto se encuentra inmerso dentro del Parque Nacional Villarrica en la comuna de Curarrehue, Provincia de Cautín, Región de la Araucanía. Su modalidad de ingreso al SEIA se realizó a través de un EIA presentado el día 17 de Enero de 2012 y cuya RCA fue favorable con fecha 6 de Junio de 2013.

4.1.2.2 Aspectos relevantes por EIA

En la siguiente tabla se presentan los aspectos más relevantes y de interés para la presente tesis, de acuerdo a los contenidos mínimos señalados en el artículo 18° del RSEIA, dando énfasis tanto a ruido como fauna silvestre. Para ello, se marcará con una "X" a los proyectos que den cumplimiento al aspecto señalado, de acuerdo a la siguiente clasificación de cada EIA:

1 – Línea de Transmisión Eléctrica Cerro Pabellón

2 – Parque Eólico Sarco

3 – Nuevo Aeropuerto de la IV Región

4 – Mejoramiento Ruta 199-CH, sector Puesco – Paso Mamuil Malal

Aspectos relevantes por capítulo	N° EIA			
Descripción del proyecto	1	2	3	4
Se identifica área de emplazamiento y sus vías de acceso.	x	x	x	x
Se mencionan las actividades que generan emisiones de ruido para cada fase.	x	x	x	x
Se informa sobre la ubicación exacta de las actividades.	x	-	-	-
Se indican periodos de realización actividades, ya sea en meses u horarios jornada laboral.	x	x	x	x
Determinación y justificación área de influencia				
Para su definición, consideran funcionamiento simultáneo de fuentes de ruido y su ubicación con respecto al receptor más cercano.	x	x	-	x
Se considera a la fauna silvestre como receptor sensible a ruido.	-	-	-	-
Se define área de influencia para vías de acceso.	-	-	-	-
Se consideran diferentes áreas de influencia para cada fase del proyecto.	x	x	-	-
Línea de base ruido y fauna				
Se identifican las fuentes de ruido asociadas a cada fase del proyecto.	x	x	x	x
Se menciona el número y tipo de las fuentes de ruido identificadas.	-	-	-	-
Se indican características asociadas a fuentes de ruido en fase de construcción, e.g. niveles de presión sonora o niveles de potencia sonora.	x	x	x	-
Se indican características asociadas a fuentes de ruido en fase de operación, e.g. niveles de presión sonora, niveles de potencia sonora, flujo de tránsito vehicular o aéreo, etc.	x	x	x	x
Se identifican mapas con lugares de interés para la fauna, desde hábitats de relevancia para su reproducción, nidificación o alimentación, hasta áreas de dispersión como rutas de tránsito en aves.	x	x	x	x
Se mencionan periodos de mayor relevancia para la fauna silvestre.	-	-	-	x
Se realiza muestreo en periodos de mayor actividad para la fauna silvestre, en particular para aves.	x	x		x
Se identifica estado de conservación fauna silvestre presente en área de estudio.	x	x	x	x

Se realizan mediciones de ruido basal en lugares de interés para la fauna silvestre.	-	-	-	x
Coinciden periodos de medición ruido basal con los de mayor actividad fauna silvestre.	-	-	-	-
Se identifica potencial presencia de aves paserinas.	x	x	x	x
Se identifica presencia de aves paserinas.	x	x	x	x
Predicción y evaluación de impactos				
Se identifica al ruido como potencial impacto sobre fauna silvestre.	-	x	-	x
Se valora y califica el impacto del ruido sobre la fauna silvestre.	-	x	-	x
Se identifica al ruido dentro de impactos significativos como pérdida o fragmentación de hábitat.	-	x	-	-
Considera como criterio de evaluación lo expuesto en el documento "Guía de evaluación ambiental: componente Fauna Silvestre" [SAG. 2012a], en referencia a utilizar el informe "Effects of noise on wildlife and other animals" como normativa de referencia [Fletcher. 1971].	-	-	-	-
Se evalúa la afectación del ruido sobre la fauna silvestre.	-	-	-	-
Pertinencia de ingreso según efectos, características o circunstancias del art. 11 de la Ley 19300.				
Se menciona que el proyecto genera efectos adversos significativos sobre la calidad (perturbaciones, entre otros) del componente fauna.	-	x	x	x
A objeto de evaluar aquello, el Estudio considera la diferencia de niveles de presión sonora mencionados en literal e) del art. 6 del RSEIA.	-	-	-	-
Plan de medidas de mitigación, reparación y/o compensación				
Se consideran medidas de mitigación para el impacto del ruido sobre la fauna silvestre.	-	-	-	x
Se consideran barreras acústicas, ya sean naturales o fabricadas.	-	-	-	-
Se consideran medidas de mitigación de ruido expuestos en la "Guía de evaluación ambiental: componente Fauna Silvestre" [SAG. 2012a]	-	-	-	x
En cuanto a la medida de Rescate y Relocalización de fauna silvestre, se considera caracterización acústica en nuevos hábitats.	-	-	-	-
Plan de seguimiento variables ambientales				
Se disponen puntos de control medición de ruido en hábitats fauna silvestre.	-	-	-	-
Plan de cumplimiento legislación				
Se utiliza normativa nacional o extranjera para evaluar afectación ruido en fauna	-	-	-	-

silvestre.				
Se mencionan estudios o informes bibliográficos para evaluación afectación ruido en fauna silvestre.	-	-	-	x
Revisión de primeros Informes Consolidados de Solicitud de Aclaraciones, Rectificaciones o Ampliaciones (ICSARA) y sus respectivas Adendas				
Se solicita considerar la diferencia de niveles de presión sonora descrita en literal e) del art. 6 del RSEIA, teniendo en cuenta a la fauna silvestre como receptor sensible.	x	-	-	-
Se solicita evaluar afectación del ruido sobre fauna silvestre con normativas de referencia y bibliografía actualizada.	x	x	-	-
Se solicita medida de mitigación para impacto de tronadura sobre fauna silvestre.	-	-	-	x
Se solicita considerar plan de seguimiento comentado en Estudio.	-	x	-	-
No hace referencia a la evaluación del ruido sobre la fauna silvestre.	-	-	x	-
Se solicita evaluar impactos provocados por el tránsito vehicular.	-	-	-	x
Titular no considera diferencia de niveles señalada y menciona que no existen normativas ambientales asociadas a la afectación del ruido sobre fauna, igualmente menciona antecedentes bibliográficos relacionados con los efectos adversos del ruido sobre ésta.	x	-	-	-
Titular utiliza como criterio de evaluación lo expuesto en el documento "Guía de evaluación ambiental: componente Fauna Silvestre" [SAG. 2012a], en referencia a utilizar el informe "Effects of noise on wildlife and other animals" como normativa de referencia [Fletcher. 1971].	-	x	-	-
Titular no considera plan de seguimiento solicitado.	-	x	-	-
Titular considera como medida de mitigación la realización de tronaduras en periodos diferentes al de nidificación avifauna del lugar.	-	-	-	x
Titular asegura desplazamiento de la fauna silvestre ante el ruido, más no se justifica.	x	-	-	x
Titular asegura habituación de la fauna silvestre ante el ruido, más no se justifica.	x	-	-	-
Revisión de segundos Informes Consolidados de Solicitud de Aclaraciones, Rectificaciones o Ampliaciones (ICSARA) y sus respectivas Adendas				
Se sugiere considerar medidas de mitigación.	x	-	-	x
Se solicitan mayores antecedentes de periodos sensibles en fauna silvestre que puedan verse afectados por el impacto del ruido.	x	-	-	-
Se solicita nuevamente evaluar afectación ruido en fauna silvestre, dado que sólo se	-	-	-	x

mencionan efectos adversos.				
No hace referencia a la evaluación del ruido sobre la fauna silvestre.	-	x	x	-
Titular considera uso de barreras acústicas en las fuentes, restricción de tránsito vehicular, personal y maquinarias al mínimo eficiente; así como también elaboración plan de Rescate y Relocalización.	x	-	-	-
Titular considera uso de tronadura alternativa de menor impacto, además de reiterar que la realización del evento será en periodo distinto al de nidificación avifauna del lugar.	-	-	-	x

Tabla 4.2: Aspectos relevantes por cada capítulo de proyectos.

4.1.3 Fuentes de ruido ambiental y presencia de aves paserinas en EIA

En la siguiente tabla se presentan los niveles de presión sonora por bandas de 1/1 octava, correspondientes a las fuentes de ruido de los Estudios revisados, además del espectro tipo para cada escenario considerando el funcionamiento simultáneo de las fuentes, según corresponda.

EIA Línea de Transmisión Eléctrica Cerro Pabellón (2013)

Etapa de construcción

Referencia: BS 5228		Fuente de ruido	Frecuencia [Hz.], NPS [dB] a 10 mts.							
Tabla	Ítem		63	125	250	500	1k	2k	4k	8k
4	46	Grúa pluma	78	69	67	64	62	57	49	40
6	27	Camión tolva	77	77	76	72	71	69	64	54
4	18	Camión mixer	80	69	66	70	71	69	64	58
5	15	Bulldozer	83	81	76	77	82	70	65	58
2	8	Retroexcavadora	74	66	64	64	63	60	59	50
4	87	Generador eléctrico	77	72	64	60	59	57	54	42
Espectro sonoro tipo			87	83	80	79	83	74	70	62

Etapa de operación

Fuente de ruido	Frecuencia [Hz.], NPS [dB] a 8 mts.							
	63	125	250	500	1k	2k	4k	8k
Efecto corona[5] (alta humedad)	52	46	46	44	45	47	47	45

---

[5] Se utilizó espectro sonoro a partir del nivel de potencia acústica por metro lineal obtenido según la metodología descrita en [DIA.2009].

EIA Parque Eólico Sarco (2014)

Etapa de construcción

Referencia: BS 5228		Fuente	Frecuencia [Hz.], NPS [dB] a 10 mts.							
Tabla	Ítem		63	125	250	500	1k	2k	4k	8k
2	14	Retroexcavadora	85	78	77	77	73	71	68	63
5	15	Bulldozer	83	81	76	77	82	70	65	58
5	20	Rodillo compactador	90	82	73	72	70	65	59	54
--	--	Motoniveladora	83	82	78	74	79	73	69	60
5	16	Camión tolva	88	90	80	79	76	71	65	61
4	15	Camión aljibe	79	73	71	75	72	67	59	50
Espectro sonoro tipo descrito en EIA			94	92	85	84	85	78	73	67

Etapa de operación

Fuente	Frecuencia [Hz.], NPS [dB] a 10 m.							
	63	125	250	500	1k	2k	4k	8k
Aerogenerador descrito en EIA (velocidad del viento 8 m/s)	81	77	76	71	66	62	54	40
Espectro sonoro tipo funcionamiento simultáneo de 10 Aerogeneradores	91	87	86	81	76	72	64	50

EIA Nuevo Aeropuerto de la IV Región (2003)

Etapa de construcción

Referencia: BS 5228		Fuente	Frecuencia [Hz.], NPS [dB] a 10 mts.							
Tabla	Ítem		63	125	250	500	1k	2k	4k	8k
4	84	Generador eléctrico	75	72	76	70	69	65	56	47
4	88	Bombas de agua (2)	73	68	69	67	67	66	59	49
3	19	Compresor	75	71	65	70	71	69	62	57
6	33	Cargador	92	84	83	77	76	74	71	62
5	14	Bulldozer	77	86	75	75	82	80	73	67
2	8	Retroexcavadora	74	66	64	64	63	60	59	50
5	16	Camión tolva	88	90	80	79	76	71	65	61
1	14	Chancadora	93	86	79	81	75	71	66	59
5	19	Rodillo	87	85	75	73	75	73	69	63
6	31	Motoniveladora	88	87	83	79	84	78	74	65
4	69	Perforadora	75	74	75	72	74	75	80	80
Espectro sonoro tipo			97	95	89	86	88	84	82	81

<table>
<tr><td colspan="9" align="center">Etapa de operación</td></tr>
<tr><td rowspan="2" align="center">Fuente[6]</td><td colspan="8" align="center">Frecuencia [Hz.], NPS [dB] a 305 mts.</td></tr>
<tr><td>63</td><td>125</td><td>250</td><td>500</td><td>1k</td><td>2k</td><td>4k</td><td>8k</td></tr>
<tr><td>Aeronave Airbus A-320 (despegue)</td><td>72</td><td>80</td><td>80</td><td>76</td><td>75</td><td>75</td><td>67</td><td>52</td></tr>
<tr><td>Aeronave Airbus A-320 (aterrizaje)</td><td>74</td><td>77</td><td>78</td><td>78</td><td>76</td><td>74</td><td>75</td><td>58</td></tr>
<tr><td>Aeronave Boeing 737-300 (despegue)</td><td>69</td><td>77</td><td>74</td><td>77</td><td>76</td><td>69</td><td>63</td><td>50</td></tr>
<tr><td>Aeronave Boeing 737-300 (aterrizaje)</td><td>73</td><td>74</td><td>77</td><td>78</td><td>77</td><td>71</td><td>67</td><td>59</td></tr>
</table>

EIA Mejoramiento Ruta 199-CH, sector Puesco – Paso Mamuil Malal (2013)

<table>
<tr><td colspan="11" align="center">Etapa de construcción</td></tr>
<tr><td colspan="2" align="center">Referencia:
BS 5228</td><td rowspan="2" align="center">Fuente</td><td colspan="8" align="center">Frecuencia [Hz.], NPS [dB] a 10 mts.</td></tr>
<tr><td>Tabla</td><td>Ítem</td><td>63</td><td>125</td><td>250</td><td>500</td><td>1k</td><td>2k</td><td>4k</td><td>8k</td></tr>
<tr><td>2</td><td>8</td><td>Retroexcavadora</td><td>74</td><td>66</td><td>64</td><td>64</td><td>63</td><td>60</td><td>59</td><td>50</td></tr>
<tr><td>6</td><td>33</td><td>Cargador</td><td>92</td><td>84</td><td>83</td><td>77</td><td>76</td><td>74</td><td>71</td><td>62</td></tr>
<tr><td>5</td><td>16</td><td>Camión tolva</td><td>88</td><td>90</td><td>80</td><td>79</td><td>76</td><td>71</td><td>65</td><td>61</td></tr>
<tr><td>5</td><td>20</td><td>Rodillo compactador</td><td>90</td><td>82</td><td>73</td><td>72</td><td>70</td><td>65</td><td>59</td><td>54</td></tr>
<tr><td>4</td><td>88</td><td>Bomba de agua</td><td>70</td><td>65</td><td>66</td><td>64</td><td>64</td><td>63</td><td>56</td><td>46</td></tr>
<tr><td>4</td><td>18</td><td>Camión mixer</td><td>80</td><td>69</td><td>66</td><td>70</td><td>71</td><td>69</td><td>64</td><td>58</td></tr>
<tr><td>1</td><td>14</td><td>Chancadora</td><td>93</td><td>86</td><td>79</td><td>81</td><td>75</td><td>71</td><td>66</td><td>59</td></tr>
<tr><td>9</td><td>1</td><td>Perforadora</td><td>86</td><td>92</td><td>85</td><td>88</td><td>84</td><td>83</td><td>78</td><td>77</td></tr>
<tr><td>4</td><td>35</td><td>Vibrador</td><td>59</td><td>71</td><td>54</td><td>56</td><td>57</td><td>55</td><td>55</td><td>49</td></tr>
<tr><td>4</td><td>72</td><td>Sierra</td><td>69</td><td>75</td><td>77</td><td>74</td><td>71</td><td>70</td><td>74</td><td>69</td></tr>
<tr><td>4</td><td>93</td><td>Esmeril</td><td>57</td><td>51</td><td>52</td><td>60</td><td>70</td><td>77</td><td>73</td><td>73</td></tr>
<tr><td colspan="3" align="center">Espectro sonoro tipo</td><td>97</td><td>95</td><td>89</td><td>90</td><td>86</td><td>85</td><td>81</td><td>79</td></tr>
<tr><td colspan="3" align="center">Evento de tronadura descrito en EIA[7]</td><td>121</td><td>118</td><td>115</td><td>115</td><td>117</td><td>117</td><td>113</td><td>107</td></tr>
</table>

<table>
<tr><td colspan="9" align="center">Etapa de operación</td></tr>
<tr><td rowspan="2" align="center">Fuentes[8]</td><td colspan="8" align="center">Frecuencia [Hz.], NPS [dB] a 15 mts.</td></tr>
<tr><td>63</td><td>125</td><td>250</td><td>500</td><td>1k</td><td>2k</td><td>4k</td><td>8k</td></tr>
<tr><td>Vehículos livianos</td><td>-</td><td>67</td><td>64</td><td>63</td><td>66</td><td>67</td><td>62</td><td>-</td></tr>
<tr><td>Vehículos medianos</td><td>-</td><td>76</td><td>75</td><td>71</td><td>69</td><td>68</td><td>67</td><td>-</td></tr>
<tr><td>Vehículos pesados</td><td>-</td><td>76</td><td>80</td><td>78</td><td>75</td><td>74</td><td>70</td><td>-</td></tr>
</table>

Tabla 4.3: Espectros fuentes de ruido asociadas a los EIA.

La siguiente tabla describe las especies de aves paserinas presentes y potencialmente presentes en cada EIA, de las cuales se tiene registro de sus vocalizaciones (tabla 4.1).

---

[6] Aeronaves civiles de dos motores con alta relación de puente para turboventilador. Valores extraídos del informe técnico *Spectral classes for FAA's Integrated Noise Model versión 6.0* [FAA.1999].

[7] Espectro sonoro obtenido a partir de los niveles de potencia acústica para evento tronadura abierta con cargas comprendidas entre 2 y 29 kg.

[8] Espectros sonoros promedios obtenidos de [Collados. 2001], para una velocidad promedio de 89 km/h de vehículos livianos, de 88 km/h para vehículos medianos y de 78 km/h para vehículos pesados.

EIA	Especies de aves paserinas
Línea de Transmisión Eléctrica Cerro Pabellón	Cometocino del norte, Dormilona de frente negra, Minero cordillerano
Parque Eólico Sarco	Bandurrilla, Chincol, Tapaculo, Tijeral.
Nuevo Aeropuerto de la IV Región	Bailarín chico, Bandurrilla, Cachudito, Canastero, Chercán, Chincol, Chiricoca, Churrín, Diucón, Dormilona de frente negra, Fío-fío, Golondrina chilena, Loica, Pájaro plomo, Platero, Rara, Rayadito, Tapaculo, Tenca, Tijeral, Turca, Viudita.
Mejoramiento Ruta 199-CH, sector Puesco – Paso Mamuil Malal	Chercán, Chucao, Colilarga, Comesebo grande, Cometocino patagónico, Diucón, Fío-fío, Hued-hued del sur, Rayadito, Siete-colores, Trabajador, Trile, Viudita

Tabla 4.4: Presencia (y potencial presencia) de aves paserinas en cada EIA.

4.2 Análisis de resultados

4.2.1 Análisis vocalizaciones de aves paserinas

4.2.1.1 Descripción de vocalizaciones

Las muestras obtenidas de los sitios web (*Xeno-canto* y *Avian Vocalization Center*) y discos compactos (*Voces de aves chilenas* y *Monitoreo acústico de aves y anfibios en el bosque costero valdiviano*), evidencian la presencia de diversas fuentes sonoras en los entornos naturales donde fueron registrados, además de las vocalizaciones de las aves paserinas en estudio. Estas fuentes sonoras van desde sonidos de aguas fluviales o el sonido del roce del viento sobre el follaje, hasta vocalizaciones de otras especies de aves paserinas; destacándose la ausencia de fuentes de ruido antrópicas de relevancia.

Cabe destacar que las muestras de audio contienen diferentes rangos dinámicos y niveles de referencia (dB), lo cual puede estar asociado tanto al nivel con que fueron registrados como a los procesos de producción sonora realizados posteriormente (mezcla o masterización). Sin embargo, el proceso de normalización permitió modificar las muestras a un mismo nivel de referencia (- 6 dB).

Por otro lado, conforme a lo descrito en el documento anexo – *Descripción de vocalizaciones*, la información señalada por cada fuente de donde fueron extraídas las muestras, no especifica las condiciones ambientales y técnicas por las cuales se llevaron a cabo los registros.

No obstante, considerando que las vocalizaciones de las aves paserinas en estudio contienen un mayor nivel de referencia dentro de las muestras, por sobre las fuentes sonoras presentes en ellas, la metodología utilizada en cuanto al ajuste del rango dinámico (visualización de vocalización de interés solamente) y la selección de la región donde están contenidas tanto los llamados como cantos de estas especies en cada espectrograma; permitió extraer 126 vocalizaciones de 49 aves paserinas presentes en Parques Nacionales, Reservas Nacionales, Monumentos Naturales, zonas rurales y zonas residenciales (en menor medida) de Chile. De estas 126 vocalizaciones, 76 corresponden a cantos, ya sean territoriales o de reproducción, mientras que 50 vocalizaciones tienen lugar en llamados, ya sean éstos de contacto o gritos de alarma; conforme a lo descrito por las fuentes de donde fueron extraídas. Cabe destacar que en algunos casos, se cuenta con más de una vocalización para la misma especie.

4.2.1.2 Relación de valores con la literatura

Los valores de la tabla 4.1 muestran un amplio rango de frecuencias utilizados por las aves paserinas en sus cantos y llamados. Al considerar el menor valor de las frecuencias mínimas (268 Hz.) y el valor más alto de las frecuencias máximas (14.613 Hz.), es posible observar un ancho de banda total de 14.345 Hz., correspondiendo estos límites al canto de un Trabajador y a un llamado del Churrín del sur, respectivamente.

Se puede apreciar que este rango de frecuencias se asemeja a los límites descritos en la curva de audibilidad de aves paserinas del audiograma de la figura 2.8 (200 – 12.000 Hz.). Sin embargo, cerca de un 5% de las frecuencias máximas sobrepasa el rango superior de la curva, lo que podría tener relación con la presencia de frecuencias armónicas en ciertos registros, dependiendo aquello tanto de las condiciones técnicas con que fueron realizados como de las características acústicas presentes en cada locación.

Con respecto al espacio audible disponible para la comunicación vocal en las aves (500 – 6.000 Hz.), descrito por Marler & Slabbekoorn (2004), los resultados obtenidos no permiten obtener una relación directa con el rango de frecuencias mencionado, debido a que sólo consideran las frecuencias límites de las vocalizaciones y no un rango por sobre la región más sensible de percibir. Sin embargo, dado que el rango donde se ubica la mayor concentración energética de las vocalizaciones coincide con la región de mayor sensibilidad auditiva en las aves, la variable de frecuencia peak se puede asumir como un indicador para relacionar el espacio audible descrito.

Mencionado aquello, se puede apreciar que el rango de frecuencias peak obtenido (517 – 8.269 Hz.) tiene un ancho de banda mayor al descrito por los autores mencionados, principalmente debido a los valores que sobrepasan los 6.000 Hz. No obstante, esta diferencia es representada por tan solo el 9 % de las frecuencias peak, por lo que el espacio audible descrito por los autores se podría considerar en su mayoría representado.

Por otro lado, el rango de frecuencias peak coincide plenamente con el descrito por Soto-Gamboa (2014), ya que el 95 % de las vocalizaciones contienen su mayor concentración energética en el rango de 1 a 8 kHz.

La siguiente tabla muestra la distribución de frecuencias peak por anchos de banda constantes de 2 kHz. entre 1 y 10.000 Hz.

	1 Hz – 2 kHz	2 – 4 kHz.	4 – 6 kHz.	6 – 8 kHz.	8 – 10 kHz.
Cantidad de vocalizaciones	19	53	43	10	1

Tabla 4.5: Distribución de frecuencias peak

Se puede observar que la mayor cantidad de frecuencias peak se encuentran en el rango comprendido entre los 2 y 6 kHz., destacándose el rango entre 2 y 4 kHz por tener un mayor número de éstas. Esta última banda coincide con lo expuesto por Dooling & Popper (2007), señalándolo como el rango donde se tiene una mayor cantidad de vocalizaciones y mejor rango de audición en las aves.

4.2.1.3 Relación entre cantos y llamados

Como fue mencionado anteriormente, a nivel estructural, el canto es un tipo de vocalización de mayor duración y complejidad acústica, que envuelve una gran variedad de frases, sílabas y notas ordenadas en determinadas secuencias; mientras que los llamados, tienden a ser de una menor duración, monosílabos y con un patrón de frecuencias simple. Estas diferencias se ven reflejadas en los valores promedio de cada variable extraída, según lo muestra la siguiente tabla:

	Frecuencia Mínima (Hz)	Frecuencia Máxima (Hz)	Ancho de banda (Hz)	Frecuencia Peak (Hz)
Cantos	1582	6499	4917	3302
Llamados	2506	6926	4420	4264

Tabla 4.6: Valores promedio de variables por tipo de vocalización.

Se aprecian distintos anchos de banda para cada tipo de vocalización, siendo los cantos emitidos con un mayor rango de frecuencias, de aproximadamente 500 Hz. Sin embargo, se hace importante destacar el desplazamiento que se produce en los valores de frecuencias mínimas y máximas para cada tipo de vocalización, ya que los llamados son emitidos con frecuencias más agudas que los cantos. De manera similar, los valores promedio de las frecuencias peak indican una diferencia de aproximadamente 1 kHz., siendo nuevamente los llamados realizados con una frecuencia peak más aguda que los cantos.

En relación a los valores mínimos y máximos extraídos (tabla 4.7), la variable de ancho de banda da cuenta de las diferencias que se tienen en cuanto al rango máximo de frecuencias que cada especie puede emitir, correspondiendo la menor modulación al canto de un Tapaculo, mientras que la mayor, tiene lugar en el canto de un Chucao. Estas diferencias tienen directa relación con la doble estructura de la siringe que poseen las aves paserinas, extendiendo el ancho de banda en sus cantos o produciendo sílabas que varían ampliamente en su calidad tonal.

Cabe señalar que los factores corporales específicos de cada especie, vale decir su peso, tamaño y dimensiones del pico; inciden directamente en el rango y modulación de las frecuencias en sus vocalizaciones. No obstante, dado que estas características no fueron consideradas como variables dentro de los alcances de la presente tesis, no se puede obtener una relación directa entre el rango de frecuencias máximo que es capaz de emitir cada especie y el factor morfológico descrito en el ítem 2.1.2. Se sugiere que esta relación pueda ser abordada en futuras líneas de investigación.

	Frecuencia mínima (Hz.)	Frecuencia máxima (Hz.)	Ancho de banda (Hz.)	Frecuencia peak (Hz.)
Valor mínimo	268	830	189	517
Valor máximo	6941	14613	13453	8269

Tabla 4.7: Valores límites de variables para vocalizaciones de diferentes especies.

En cuanto a la relación de valores entre los cantos y llamados producidos por aves de una misma especie, la tabla 4.8 muestra las diferencias más significativas para las variables extraídas.

	Frecuencia mínima (Hz.)	Frecuencia máxima (Hz.)	Ancho de banda (Hz.)	Frecuencia peak (Hz.)
Diferencia mínima	74	19	85	0
Diferencia máxima	3526	11183	10961	5082

Tabla 4.8: Diferencias de variables para vocalizaciones de mismas especies.

La mayor diferencia tiene lugar en la frecuencia máxima de los cantos del Hued-hued del sur, mientras que para la frecuencia peak de los llamados del Comesebo grande, las mediciones entregaron un mismo valor. El contraste obtenido en la variable de frecuencia máxima, radica principalmente en la presencia de frecuencias armónicas en los registros, mientras que las frecuencias mínimas presentaron un menor rango de variabilidad. En relación a las frecuencias peak, la siguiente gráfica resume la distribución de esta variable según la cantidad de vocalizaciones por bandas de 1/1 octava:

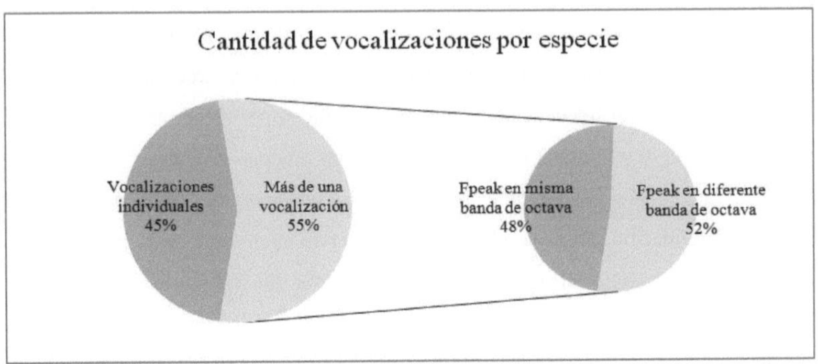

Figura 4.1: Distribución por cantidad de vocalizaciones

A través de esta distribución, es posible advertir el grado de dispersión o variabilidad que eventualmente podrían tener ciertas especies por sobre otras, en cuanto a la ubicación de los valores de sus frecuencias peak en las bandas de 1/1 octava. No obstante, se hace importante considerar los diferentes rangos de frecuencias que contienen las bandas de 1/1 octava, aumentando su valor conforme aumentan las frecuencias. De esta manera, la mayoría de las especies de las cuales se cuenta con más de una vocalización (14 especies de 27), tienen sus valores de frecuencias peak que abarcan un rango comprendido entre 2 y 3 bandas de 1/1 octava (9 y 5 especies, respectivamente). Por otro lado, se deben destacar las especies restantes de este grupo (13 de las 27), ya que sus frecuencias peak se encuentran localizadas tan solo en una banda de 1/1 octava, lo que otorgaría un menor grado de dispersión en los resultados.

En términos generales, si bien se puede atribuir esta divergencia a las diferentes versiones que se tienen de los cantos y llamados, podría también estar asociada tanto a la distribución geográfica de las especies como a las condiciones técnicas con que se realizaron las grabaciones de campo.

Con respecto a las condiciones técnicas, en el documento anexo – *Equipamientos registro de vocalizaciones* se puede apreciar que los micrófonos utilizados si bien coinciden en su tipología (condensador), poseen diferentes respuestas en frecuencia y patrones de directividad, existiendo frecuencias de mayor sensibilidad por sobre otras. Sumado a ello, las grabadoras digitales poseen diferentes conversores análogo-digitales y se desconoce el nivel de entrada (ganancia) utilizado en cada una. En relación a la metodología de registro, no se tiene información estimada sobre la distancia entre micrófono y ave, la orientación de su cabeza con respecto al eje axial del micrófono, presencia de obstáculos en la propagación de la vocalización (vegetación o topografía) o las condiciones acústicas de cada entorno.

Si bien la extracción de las variables se realizó de acuerdo a una metodología ya utilizada en trabajos previos, los aspectos mencionados ejercen un grado de influencia en los resultados obtenidos, lo cual condiciona la realización de un análisis de variabilidad intraespecífica con una mayor profundidad. Por tal motivo, se sugiere considerar en futuras investigaciones la utilización de grabaciones realizadas con las mismas condiciones técnicas y con una descripción detallada de las condiciones ambientales en los entornos, abordando además la variabilidad que se tiene en la distribución geográfica de las especies.

4.2.2   Análisis Estudios de Impacto Ambiental

4.2.2.1 Revisión general

Tal como fue mencionado en el ítem 2.3.6, Chile no cuenta con normas de calidad y emisión que permitan establecer una evaluación de impacto del ruido sobre la fauna silvestre. No obstante, a continuación se analizan los aspectos relevantes comentados anteriormente, basados en el cumplimiento normativo del RSEIA con respecto a los contenidos mínimos de los EIA y a los efectos adversos significativos sobre los recursos naturales renovables, descritos en su artículo 6°.

En primera instancia, la consideración del literal e) del artículo 6°, a saber *"La diferencia entre los niveles estimados de ruido con proyecto o actividad y el nivel de ruido de fondo representativo y característico del entorno donde se concentre fauna nativa asociada a hábitats de relevancia para su nidificación, reproducción o alimentación",* si bien no permite evaluar de manera directa la afectación, proporciona información esencial en cuanto al grado de modificación que tendrán los lugares de interés para la fauna silvestre, en relación al espacio activo disponible para su comunicación acústica, producto de la influencia de las fuentes de ruido asociadas a un proyecto.

Al respecto, se hace importante destacar que ninguno de los Estudios revisados consideró esta diferencia con la intención de cuantificar el grado de modificación en los entornos de la fauna silvestre, pese a que en la mitad de ellos, se identifica, valora y califica al ruido como un potencial impacto sobre las especies. Por otro lado, tampoco se tiene esta diferencia de niveles para las especies consideradas como escasas (amenazadas), únicas (endémicas) o representativas; a pesar de que se identifican estas categorías según su estado de conservación y origen en todos los Estudios (documento anexo *Origen y estado de conservación aves paserinas*).

No obstante, en el caso de considerar la diferencia de los niveles de ruido, se hace necesario el cumplimiento de ciertos contenidos mínimos, tanto en los estudios de ruido como de fauna, los cuales se detallan a continuación:

La definición y justificación del área de influencia cobra especial relevancia, considerando a la fauna como elemento afectado del medio ambiente y al ruido como potencial impacto significativo sobre éste. Su definición con respecto a ruido, tiene lugar en considerar el peor escenario, estimando los niveles de presión sonora producto del funcionamiento simultáneo de las fuentes de ruido asociadas y su ubicación más desfavorable con respecto al receptor, además de considerar el estándar acústico a cumplir según la normativa. En relación a los Estudios, si bien la mayoría consideró la simultaneidad de actividades de las fuentes de ruido, solo uno mencionó la ubicación exacta de estas actividades. Además, ninguno de los Estudios señaló a la fauna silvestre del lugar como receptor sensible a ruido, pese a que en que el capítulo de línea de base de fauna, se identifican hábitats de relevancia para su reproducción, nidificación o alimentación. Pese a ello, en uno de los proyectos se realizan estimaciones y mediciones de niveles de ruido en un hábitat de relevancia.

Por otro lado, sumado a la caracterización espacial de los hábitats de interés, se hace importante considerar una caracterización temporal, dado que existen épocas de mayor sensibilidad en las especies, donde se desarrollan procesos como la reproducción, hibernación o migraciones. Al respecto, solo uno de los Estudios detalla los periodos sensibles para la fauna silvestre.

En cuanto a la línea base de ruido, pese a que se identifican todas las fuentes de ruido asociadas a cada fase y se mencionan características acústicas relevantes para su estimación, ninguno de los Estudios identificó el número de las fuentes de ruido asociadas.

En relación a la legislación ambiental aplicable, ninguno de los Estudios utilizó alguna normativa que permitiese evaluar el impacto, ya sea nacional o extranjera. Sin embargo, en uno de los Estudios se mencionan efectos adversos del ruido sobre la fauna, referenciando a estudios e informes extranjeros.

Por otro lado, pese a que ningún Estudio evaluó el impacto, en uno de ellos se consideró como medida de mitigación la suspensión del impacto más representativo en cuanto a ruido (evento de tronadura) durante el periodo de reproducción y nidificación de algunas especies, en concordancia con lo expuesto en la *"Guía de Evaluación Ambiental: Componente Fauna Silvestre"* [SAG. 2012a]. Con respecto a otras medidas de mitigación sobre el componente fauna, se reconoce la utilización de las medidas *"Perturbación controlada"* y *"Rescate y relocalización"*, las cuales se relacionan con la generación de un desplazamiento de anfibios, reptiles y micromamíferos, ya sea por sus propios medios o con intervención humana, hacia sectores que no serán intervenidos por el proyecto. Sin embargo, en ninguno de los Estudios se reconoce alguna caracterización acústica en estos sitios de relocalización.

4.2.2.2 Revisión ICSARA y Adendas

Según los aspectos analizados anteriormente, se hace importante conocer la visión de los órganos de la Administración del Estado con competencia ambiental (en adelante Autoridades), mediante la revisión de sus informes consolidados con solicitudes, aclaraciones y rectificaciones que estimen convenientes; así como también las respuestas por parte de los Titulares de proyectos, mediante la realización de las Adendas.

A modo general, la revisión de los primeros ICSARA evidencia una diversidad de solicitudes con respecto a la evaluación del ruido sobre la fauna silvestre, existiendo sólo un informe que no hace referencia a tal afectación.

En la mitad de los proyectos las Autoridades solicitan al Titular evaluar la afectación a través de normas de referencia o bibliografía actualizada, sin dar alguna recomendación o sugerencia de ello. Ante tal situación, las respuestas que se tienen en las Adendas son también variadas, utilizando antecedentes bibliográficos con efectos adversos del ruido sobre la fauna silvestre y las recomendaciones y criterios mencionados en el documento *"Guía de Evaluación Ambiental: Componente Fauna Silvestre"* [SAG. 2012a], en cuanto a un nivel máximo de emisión y cese de actividades en periodos sensibles de la fauna silvestre (solicitud medida de mitigación). Cabe señalar que en la mitad de los Estudios, los Titulares asumen ciertos efectos adversos provocados por el ruido sobre la fauna, sin entregar una justificación o referencia bibliográfica de aquello.

Por otro lado, si bien la diferencia de niveles señalada en el artículo 6° del RSEIA permitiría obtener una caracterización del escenario acústico en una situación con y sin proyecto, solo en uno de los informes fue solicitada su utilización por parte de las Autoridades, la cual no tuvo una respuesta por parte del Titular en su respectiva Adenda.

En cuanto a los segundos ICSARA, sólo en la mitad de los Estudios se tiene consideración por la afectación. En éstos, se destaca la solicitud de medidas de mitigación, la cual tiene lugar en el uso de barreras acústicas y uso de fuentes alternativas de menor impacto. No obstante, pese a que estas medidas puedan atenuar el impacto sobre la fauna silvestre, no se tiene certeza en cuanto a su eficiencia, dado el desconocimiento de normativas que permitan evaluar la afectación.

4.2.3 Análisis escenarios sonoros por cada EIA

Considerando la información recopilada en cuanto a las vocalizaciones de aves paserinas y los EIA, se observan escenarios sonoros que podrían tener algún grado de afectación sobre las aves paserinas presentes y potencialmente presentes en cada proyecto, basado en los comportamientos que puede generar el enmascaramiento frecuencial de sus vocalizaciones.

4.2.3.1 Comportamientos evasivos

a) <u>Respuestas de pánico y huída</u>

Estas respuestas se asocian principalmente a la presencia de ruidos impulsivos, generados de manera imprevista y de duración breve, alcanzando niveles de presión sonora máximos. Las fuentes de ruido asociadas a las etapas de construcción de los proyectos con estas características, tienen lugar en maquinarias utilizadas para las actividades de despeje del terreno (maquinaria de demolición, movimiento de tierras, tronaduras, entre otras) y fundación (cimentación de las bases de la obra) principalmente, tales como la retroexcavadora, perforadora, cargador frontal y uso de explosivos.

Si bien en todos los proyectos se utilizaron retroexcavadoras, el EIA del Nuevo Aeropuerto y el de Mejoramiento de la Ruta 199-CH, contaron con una mayor cantidad de fuentes generadoras de ruido impulsivo, siendo la más relevante el evento de tronadura para este último, dado que alcanza altos niveles de presión sonora y una cobertura mayor que las otras fuentes.

Debido a las características de las fuentes de ruido impulsivo en ambos Estudios, existe la posibilidad de que las aves presentes en las áreas de influencia definidas, tengan una respuesta de espanto, pánico y huída ante el impacto acústico provocado por estas fuentes; pudiendo generar una dispersión de las bandadas hacia lugares aledaños, estrés, desorientación y aumentar el riesgo de contraer accidentes, ya sea en el individuo mismo como en sus crías en el caso que esté anidando (pisoteo o expulsión casual). Además, se hace relevante considerar que las aves paserinas de menor tamaño, tienen menores niveles de reserva de energía, por lo que un vuelo no previsto y repentino conllevará un mayor gasto energético para estas especies.

Estas fuentes de ruido pueden también interferir e interrumpir los periodos de mayor relevancia en las aves paserinas (reproducción, nidificación o procesos migratorios). Al respecto, considerando que el periodo de apareamiento para las aves paserinas se da entre finales de invierno y comienzos del verano, se hace complejo advertir tal afectación en los Estudios revisados, ya que solamente describen la cantidad de meses que tomaría cada actividad y no la fecha exacta en que se desarrollará cada una. No obstante, en el proyecto del Mejoramiento de la Ruta 199-CH, se reconocen periodos de nidificación y procesos migratorios de la avifauna presente en el área de influencia, comprometiéndose el Titular a realizar los eventos de tronadura fuera de aquellos periodos.

b) <u>Respuestas de abandono</u>

Las características acústicas de las fuentes de ruido asociadas a la etapa de operación de los proyectos podrían generar que la densidad y abundancia poblacional, el uso de espacio y la abundancia de los sitios de nidificación para ciertas aves paserinas, sea menor en los entornos más cercanos a estas fuentes. Sin embargo, existe también la posibilidad de otras aves paserinas generen una habituación en estos entornos, mediante modificaciones en los parámetros acústicos de sus cantos.

Para ambos casos, dados los alcances de la presente tesis, no es posible evaluar de manera cierta la generación de estas respuestas, por lo que se sugiere considerarla en futuras líneas de investigación. Al respecto, la evaluación de estas respuestas implicaría la realización de mediciones de densidad, abundancia poblacional y cantidad de sitios de nidificación en entornos cercanos y alejados de las fuentes de ruido; además del registro de cantos de aves paserinas presentes en las áreas de influencia de cada proyecto, tanto en el escenario previo a la ejecución de éste y una vez en funcionamiento, con tal de compararlos y analizar una posible habituación.

4.2.3.2 Interferencia de señales acústicas

La interferencia producida por el enmascaramiento de las señales acústicas en aves paserinas, afecta principalmente los procesos de detección, discriminación y reconocimiento de las vocalizaciones, pudiendo causar una interrupción en las tareas de localización, defensa de territorio, mantención de la cohesión en un grupo social, aprendizaje del canto por parte de las crías, evasión de depredadores y una reducción en el éxito reproductivo.

El grado de enmascaramiento que pueda tener una vocalización producto de la intervención de una fuente de ruido, dependerá, entre otras cosas, de la composición y distribución energética de ambos espectros de frecuencias, ya que puede existir una mayor interferencia para ciertas bandas, por sobre otras. Sin embargo, considerando que el rango de frecuencias más sensible por el cual las aves paserinas son capaces de percibir coincide justamente con el de mayor concentración energética en las vocalizaciones, se puede advertir que la variable de frecuencia peak constituye la banda de mayor sensibilidad, relacionándose con la etapa elemental dentro del proceso de percepción: la detección.

En relación a este proceso, se hace importante considerar las experiencias que se han realizado con *ratios críticos*, ya que permiten obtener una relación entre la detección de una vocalización tonal en presencia de un nivel de ruido de fondo conocido, siendo 30 dB la mayor diferencia en cuanto a sus valores promedio. Pese a que estas experiencias tienen lugar en condiciones de laboratorio para aves paserinas, permiten comprender, en cierta forma, la extensión por la cual el ruido antropogénico puede interferir en los entornos naturales.

Considerando aquello, a través del software desarrollado en el presente trabajo (código de programación en documento anexo – *Algoritmo GUI Matlab*), se puede observar la interferencia provocada por los escenarios sonoros de cada EIA sobre las vocalizaciones de las aves paserinas presentes en las áreas de influencia de cada proyecto. El detalle de su funcionamiento y aplicación tiene lugar en los siguientes ítems:

a) <u>Diseño y funcionamiento</u>

La interfaz gráfica del software cuenta con 3 secciones que a su vez contienen diversos parámetros (figura 4.2). A continuación se describe el funcionamiento para cada sección:

i. <u>Sección A: Caracterización de Estudios de Impacto Ambiental</u>

Esta sección permite visualizar los espectros sonoros de las fuentes de ruido asociadas a las etapas de construcción y operación de cada proyecto.

Su funcionamiento tiene lugar al seleccionar el menú desplegable A.2, *"Selección de Proyecto"*, donde se muestran los 4 EIA analizados en la presente tesis: *"Línea de Transmisión Eléctrica Cerro Pabellón", "Parque Eólico Sarco", "Nuevo Aeropuerto de la IV Región"* y *"Mejoramiento Ruta 199-CH, Sector Puesco Mamuil-Malal".* Al seleccionar alguno de estos proyectos, se muestra una imagen representativa a éste en el cuadro A.5.

Posteriormente, el menú desplegable A.3 permite seleccionar tanto la etapa de construcción como la de operación de cada proyecto, apareciendo en el menú desplegable A.4 las fuentes de ruido asociadas. Finalmente, al seleccionar alguna de estas fuentes, ya sea individual o un conjunto de éstas, se muestra en el cuadro A.1 su espectro sonoro en bandas de 1/1 octava para una distancia inicial descrita al momento de presionar el botón C.2 de la sección C.

ii. <u>Sección B: Caracterización de vocalizaciones aves paserinas</u>

En esta sección se observan las aves paserinas presentes en cada proyecto, mostrando una gráfica con los variables de frecuencia mínima, frecuencia máxima y los valores de frecuencias peak de cada especie.

Su funcionamiento tiene lugar al momento en que se selecciona algún proyecto en la sección A, mostrando en el menú desplegable B.2 las aves paserinas presentes en el área de influencia de aquel proyecto. Al seleccionar alguna especie, el cuadro B.4 muestra una imagen representativa de esta ave, mientras que el cuadro B.1 muestra las variables de frecuencia mínima, frecuencia máxima y frecuencias peak de sus vocalizaciones. Sumado a ello, el botón B.3 permite reproducir un extracto de alguna de sus vocalizaciones.

Cabe destacar que según lo descrito en el ítem 3.4.1.i, las variables de frecuencia mínima y frecuencia máxima, tanto para la gráfica B.1 y C.1, cuentan con una amplitud de 23 dB; mientras que los valores de frecuencias peak tienen una amplitud de 53 dB.

iii. Sección C: Visualización del enmascaramiento frecuencial

En esta sección se muestra gráficamente el enmascaramiento producido por las fuentes de ruido, asociadas a cada proyecto, sobre las vocalizaciones de las aves paserinas presentes en ellos. Aquella visualización tiene lugar tanto para una condición inicial como para una condición con una distancia crítica.

Una vez seleccionados los parámetros de los EIA y de las vocalizaciones de aves paserinas, a través del botón C.2: *"Generar condición inicial"* se muestra en el cuadro C.1 el escenario sonoro bajo el cual se ve expuesta el ave paserina seleccionada, producto de la(s) fuente(s) de ruido elegida(s) en la sección A, para una distancia inicial (C.3).

En esta gráfica (C.1), las variables de las vocalizaciones son asociadas a la banda de octava que le corresponde a su valor, existiendo casos donde más de una variable puede estar asociada a la misma banda de octava. Para estos casos, la gráfica sólo muestra la variable de frecuencia peak.

Posteriormente, el botón C.4 *"Generar condición con distancia crítica"*, permite generar la condición bajo la cual el espectro sonoro de la(s) fuente(s) de ruido, se verá atenuado a una cierta distancia crítica, producto de la absorción atmosférica según las condiciones de temperatura (C.6) y humedad relativa (C.7) del emplazamiento de cada proyecto. Las atenuaciones por cada banda de 1/1 octava tienen lugar en la utilización de la norma técnica ISO 9613-1:1993.

El criterio bajo el cual se genera esta condición crítica, se basa en dos aspectos ligados al proceso de detección: a) se relaciona directamente con la variable de frecuencia peak y b), las experiencias de *ratios críticos* entregan una relación señal ruido de 30 dB (mayor diferencia) para que no exista una interrupción en este proceso. Considerando ambos aspectos, la condición crítica representa la distancia donde la atenuación sonora descrita, permitirá obtener una relación señal ruido de 30 dB entre la amplitud de la banda de octava de las frecuencias peak y el nivel de la fuente de ruido en esa misma banda.

Cabe destacar que los cuadros C.5 y C.8 muestran las bandas de octava donde se ubica(n) la(s) frecuencia(s) peak del ave paserina y la distancia crítica bajo la cual no se generaría una interrupción en el proceso de detección de sus vocalizaciones (cumplimiento de criterio mencionado en párrafo anterior), respectivamente. Finalmente el botón C.9 permite limpiar todos los parámetros en esta sección.

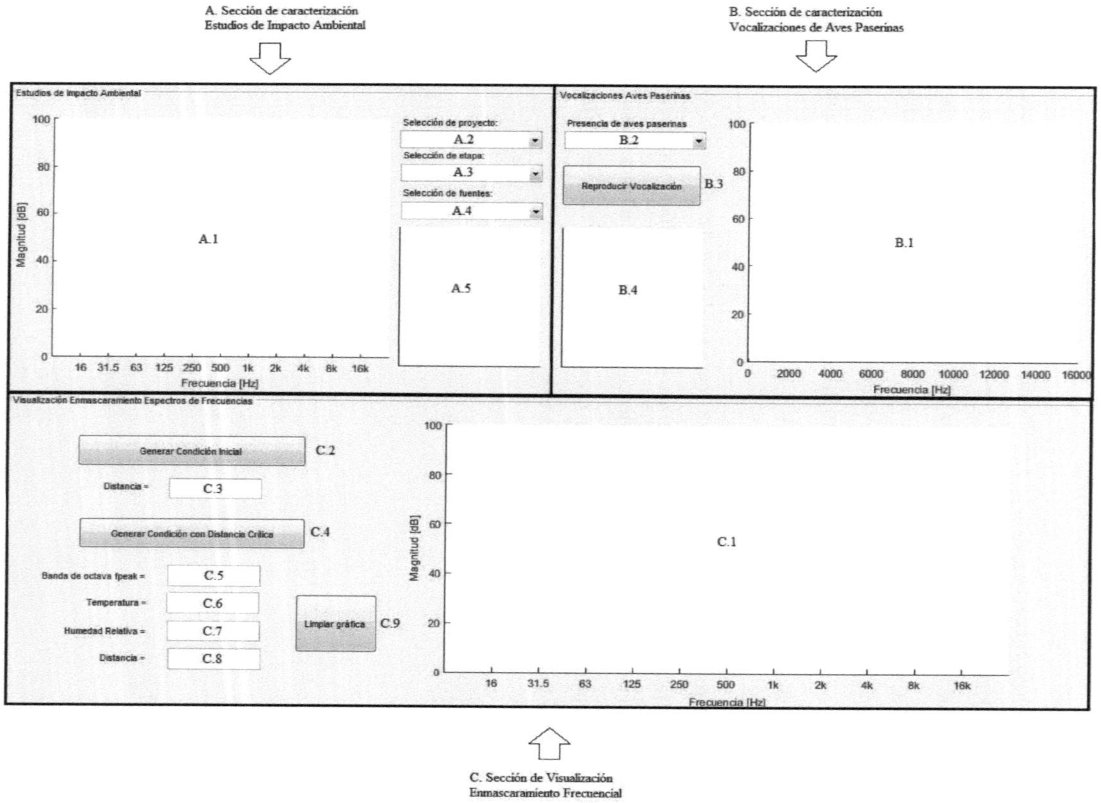

Figura 4.2: Estructura base de la interfaz gráfica.

b) <u>Aplicación e interpretación del software para un caso en particular</u>

Conforme a lo descrito en el literal anterior, la figura 4.3 muestra uno de los escenarios sonoros presentes en el EIA *"Parque Eólico Sarco"*.

En la sección A, se puede visualizar el espectro sonoro tipo producido por el funcionamiento simultáneo de 6 fuentes de ruido en la etapa de construcción de este proyecto, para una distancia inicial de 10 metros. En la sección B, se muestra una imagen de un Tijeral, ave paserina presente en el área de influencia del proyecto cuyo rango de vocalización, conformado por el menor valor de sus frecuencias mínimas y el mayor valor de sus frecuencias máximas, se encuentra entre 1282 y 8660 Hz.; mientras que los valores de sus frecuencias peak son 4694, 4823 y 5383 Hz., todos asociados a la banda de octava de 4 kHz.

Bajo estas circunstancias, la sección C grafica la condición para la cual el nivel de presión sonora de la banda de octava de 4 kHz. del espectro tipo de las fuentes de ruido asociadas a la etapa de construcción, no provocará una interrupción en el proceso de detección de las vocalizaciones del Tijeral en la banda de frecuencias donde se ubica su mayor concentración energética (frecuencia peak), dado que existe una diferencia de 30 dB entre ambas amplitudes (límite inferior representado por una línea roja). Aquello tiene lugar para una distancia de 1400 metros, según la atenuación sonora producida por la absorción atmosférica de las condiciones imperantes en el emplazamiento del proyecto, vale decir 15°C de temperatura y un 80% de humedad relativa.

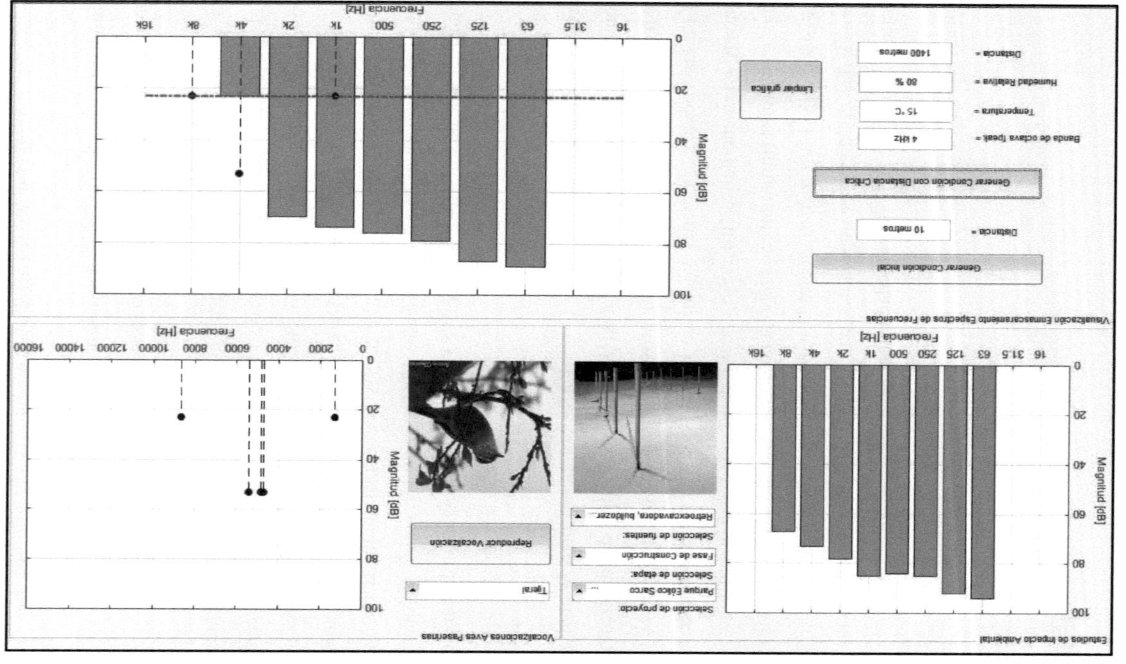

Figura 4.3: Aplicación del software para caso en particular.

c) <u>Ventajas y relevancia de resultados obtenidos mediante el software ejecutable</u>

En términos generales, la ventaja del diseño y funcionamiento del software ejecutable es que permite visualizar el impacto de las fuentes de ruido de los cuatro proyectos en estudio, sobre las aves paserinas presentes en sus áreas de influencia. La división de sus secciones permite analizar de forma individual las características acústicas de cada variable (fuentes de ruido y vocalizaciones), visualizando la influencia que tiene una sobre la otra, tanto para una condición inicial como crítica (sección C).

En relación a esta última condición, se propone un criterio de evaluación (relación señal ruido de 30 dB en la banda de octava de frecuencias peak) bajo el cual no existirá una interrupción en el proceso de detección de las vocalizaciones, producto de las características acústicas de las fuentes de ruido. La ventaja que tiene la aplicación de este criterio, tiene lugar en que entrega un parámetro que permite evaluar y cuantificar el impacto del ruido sobre las aves paserinas, en relación al enmascaramiento frecuencial de sus vocalizaciones, proponiendo una medida de mitigación a través de una atenuación sonora por distancia.

En adición, el software ejecutable da cuenta de la caracterización del rango de frecuencias donde se ubican las vocalizaciones de las aves paserinas en estudio, por lo que otra sus ventajas es que permite conocer las bandas de octava donde implementar otro tipo de medidas de mitigación diferentes a la atenuación sonora por distancia, tendientes a minimizar el impacto producido por el ruido sobre las aves paserinas.

d) <u>Análisis de escenarios sonoros presentes en cada EIA mediante software ejecutable</u>

Los escenarios sonoros presentes en cada proyecto, dan cuenta de la influencia que ejercen las fuentes de ruido sobre las vocalizaciones de las aves paserinas, produciendo un enmascaramiento en las bandas de frecuencias donde se ubica su rango de vocalización.

Dado que el criterio de evaluación utiliza como único parámetro a la variable de frecuencia peak, existirán escenarios donde se mantenga un enmascaramiento sobre la banda donde se ubican las frecuencias mínimas, lo que podría eventualmente provocar un desplazamiento en sus valores (ítem 2.4.3.1). No obstante, ante el desconocimiento de un criterio de evaluación que permita cuantificar tal influencia, se estima que aquello pueda ser desarrollado en una futura línea de investigación.

A continuación se describen los escenarios sonoros presentes en cada proyecto, agrupando las aves paserinas cuyos valores de frecuencias peak se ubiquen dentro de la misma banda de 1/1 octava.

i. <u>Línea de Transmisión Eléctrica Cerro Pabellón</u>

El proyecto cuenta con el espectro sonoro del funcionamiento simultáneo de 6 fuentes de ruido asociadas a la etapa de construcción y el ruido provocado por la ionización del aire que rodea los conductores de alta tensión para la etapa de operación (efecto corona). En cuanto a las aves paserinas, se tienen vocalizaciones de 3 especies presentes en el área de influencia, cuyos valores de frecuencias peak están asociados a la misma banda de octava.

Con respecto a las condiciones atmosféricas, el lugar donde se emplaza este proyecto presenta una temperatura promedio anual de 10 °C y un 30 % de humedad relativa. Bajo estas circunstancias, la descripción de la influencia de cada etapa es la siguiente:

- <u>Influencia etapa de construcción</u>

La condición inicial del software da cuenta del grado de influencia que ejerce el espectro sonoro generado por el funcionamiento simultáneo de las fuentes de ruido, sobre las vocalizaciones de las 3 aves paserinas. No obstante, dado que estas vocalizaciones cuentan con sus frecuencias peak en una misma banda de octava (4 kHz.), esta influencia será la misma para las 3 especies. En ese sentido, la siguiente figura muestra la interferencia provocada por esta etapa sobre las vocalizaciones del Cometocino del norte y la Dormilona de frente negra, para la condición de distancia inicial (10 metros).

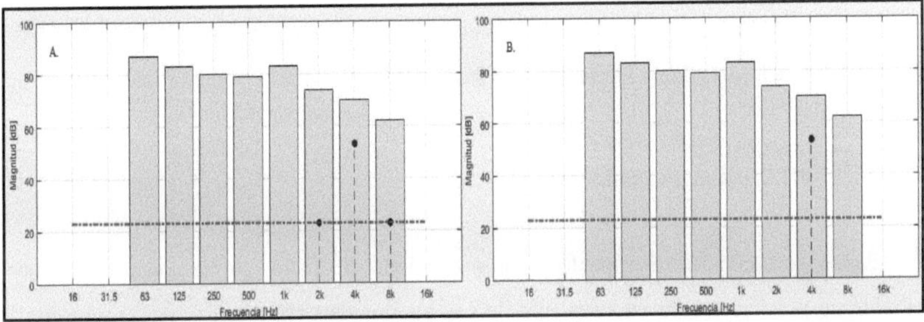

Figura 4.4: Influencia espectro sonoro etapa construcción sobre vocalizaciones del Cometocino del norte (A) y Dormilona de frente negra (B), para condición distancia inicial.

Para esta condición, el nivel de presión sonora para la banda de 4 kHz., generado por las fuentes de ruido, sobrepasa en 17 dB al correspondiente a las frecuencias peak (53 dB), por lo que el enmascaramiento en esta banda de frecuencias provocará una interrupción en el proceso de detección de las vocalizaciones para las 3 aves paserinas descritas.

No obstante, el criterio de evaluación propuesto (relación señal ruido de 30 dB), da cuenta de la distancia crítica bajo la cual no se generaría tal afectación. La atenuación sonora para cada banda de octava, generada para la distancia crítica de 436 metros, tiene lugar en la figura 4.5.

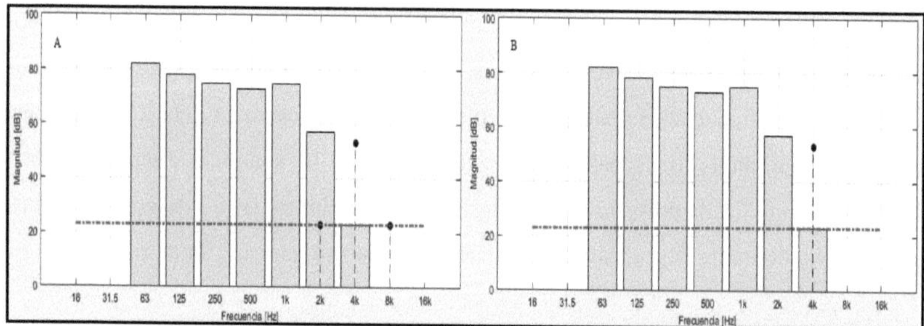

Figura 4.5: Influencia espectro sonoro etapa construcción sobre vocalizaciones del Cometocino del norte (A) y Dormilona de frente negra (B), para condición distancia crítica.

- <u>Influencia etapa de operación</u>

Para este escenario, el espectro sonoro asociado al efecto corona consta de menores niveles de presión sonora en cada una de sus bandas de octava, en comparación con los niveles generados en la etapa anterior. Si bien el NPS del efecto corona, para la banda de 4 kHz., se ubica 6 dB por debajo de la amplitud de las frecuencias peak (53 dB), el criterio de evaluación sostiene una diferencia de 30 dB entre ambos niveles, con tal de no generar una interrupción en el proceso de detección de las vocalizaciones. La figura 4.6 da cuenta de ambos escenarios para el Minero cordillerano, tanto para la condición con distancia inicial (8 metros) como para la correspondiente a la distancia crítica (214 metros).

Cabe destacar la diferencia que se tiene entre las distancias críticas de ambas etapas (construcción y operación), siendo más representativa la asociada a la etapa construcción, dado que contiene un mayor NPS para la banda donde se ubican las frecuencias peak de las vocalizaciones de las 3 especies.

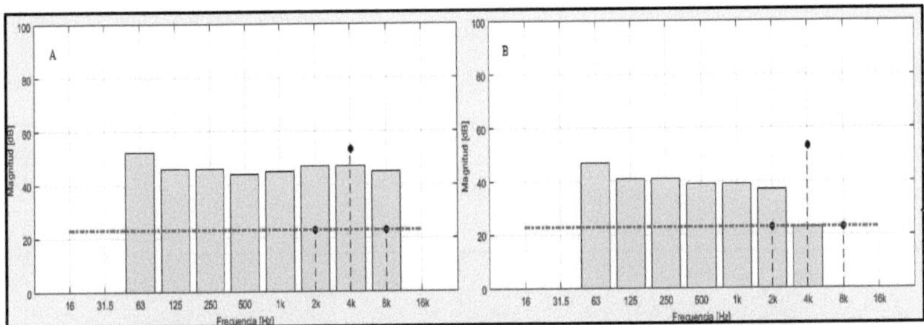

Figura 4.6: Influencia espectro sonoro etapa operación sobre vocalizaciones del Minero cordillerano, para condición distancia inicial (A) y crítica (B).

ii. Parque Eólico Sarco

El proyecto cuenta con las siguientes variables: espectro sonoro del funcionamiento simultáneo de 6 fuentes de ruido asociadas a la etapa de construcción, 2 fuentes de ruido asociadas a la etapa de operación, vocalizaciones de 4 aves paserinas, una temperatura promedio anual del lugar de emplazamiento de 15 °C y una humedad relativa del 80 %.

Las bandas de octava donde se ubican las frecuencias peak de las vocalizaciones tienen lugar en la banda de 1 kHz. (Tapaculo) y 4 kHz. (Bandurrilla, Chincol y Tijeral). A continuación se describen los escenarios sonoros presentes en cada etapa:

- Influencia etapa de construcción

La condición para la distancia inicial (10 metros) da cuenta del enmascaramiento provocado en las bandas de octava donde se ubican las vocalizaciones de las aves paserinas. Dentro de estas 4 especies, se advierte una situación más desfavorable para la banda donde se ubican las frecuencias peak del Tapaculo (1 kHz.), dado que el NPS del funcionamiento simultáneo de las fuentes de ruido en aquella banda, sobrepasa en 32 dB al

105

nivel de esta variable (53 dB). La siguiente figura muestra la influencia del espectro sonoro de esta etapa sobre las vocalizaciones del Chincol y el Tapaculo, demostrando que esta última especie tiene un enmascaramiento más representativo en la banda de sus frecuencias peak.

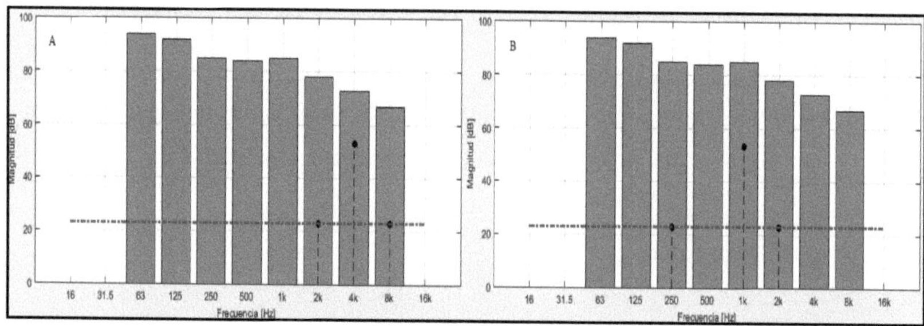

Figura 4.7: Influencia espectro sonoro etapa construcción sobre vocalizaciones del Chincol (A) y el Tapaculo (B), para la condición con distancia inicial.

Ambas gráficas dan cuenta de las bandas de octava donde se debieran implementar las medidas de mitigación, con respecto a la aplicación del criterio de evaluación. El software ejecutable da cuenta de su aplicación a través de la atenuación sonora por distancia, donde los valores críticos de ésta son 1.4 kilómetros para el caso de la Bandurrilla, el Chincol y el Tijeral; y 12.3 kilómetros para el caso del Tapaculo.

A partir de estas distancias, el espectro sonoro del funcionamiento simultáneo de las fuentes de ruido no provocará una interrupción en el proceso de detección de las vocalizaciones de estas especies. La siguiente figura muestra la atenuación sonora provocada por la absorción atmosférica para las bandas de octava del espectro sonoro generado en esta etapa y su relación con las vocalizaciones de la Bandurrilla y el Tapaculo, advirtiendo una mayor atenuación para este último caso.

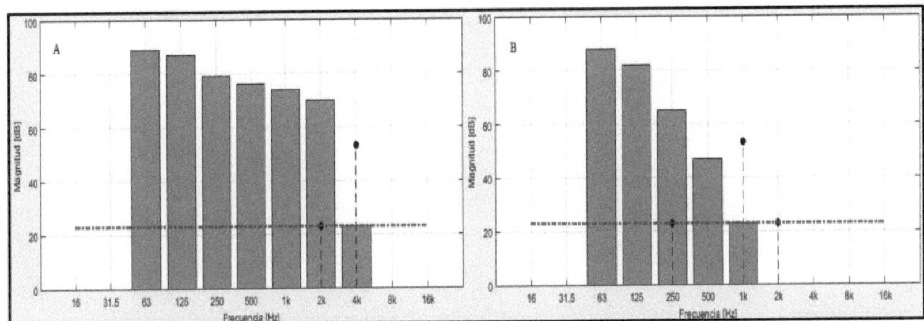

Figura 4.8: Influencia espectro sonoro etapa construcción sobre vocalizaciones de la Bandurrilla (A) y el Tapaculo (B), para la condición con distancia crítica.

- <u>Influencia etapa de operación</u>

Para esta etapa se cuenta con 2 espectros sonoros, uno asociado al ruido generado por un aerogenerador y por el ruido generado por el funcionamiento simultáneo de 10 aerogeneradores. Considerando a este último espectro como el escenario más desfavorable para las aves paserinas del lugar, se puede apreciar que al igual que en la etapa anterior, existe un enmascaramiento en todas las bandas de octava donde vocalizan las 4 especies.

Para la condición con la distancia inicial, el escenario más desfavorable tendría lugar nuevamente en el Tapaculo, dado que existe un mayor NPS de las fuentes de ruido en la banda de octava donde se ubican sus frecuencias peak. Esta situación se ve representada en la condición para la cual se cumple el criterio de evaluación, ya que sus distancias críticas tienen lugar en 1.1 kilómetros para el caso de la Bandurrilla, el Chincol y el Tijeral; mientras que para el Tapaculo se necesitan 10.5 kilómetros para que no exista una interrupción en el proceso de detección de sus vocalizaciones. La siguiente figura muestra las condiciones para ambas distancias en el caso del Tapaculo:

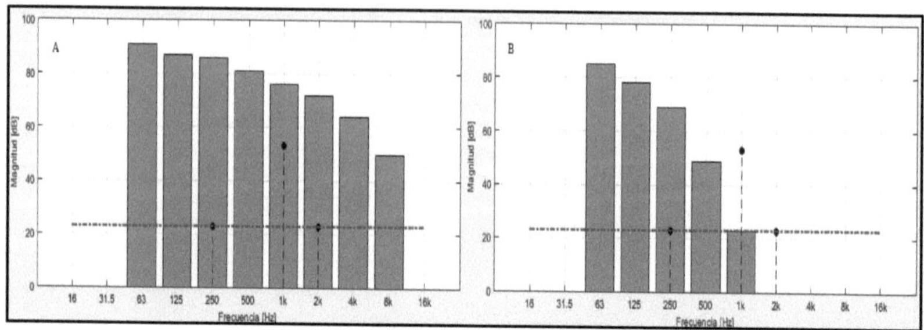

Figura 4.9: Influencia espectro sonoro de 10 aerogeneradores sobre vocalizaciones del Tapaculo, para condición distancia inicial (A) y crítica (B).

iii. <u>Nuevo Aeropuerto de la IV Región</u>

Este proyecto consta de las siguientes variables: 11 fuentes de ruido asociadas a la etapa de construcción, 4 fuentes de ruido asociadas a la etapa de operación, vocalizaciones de 22 aves paserinas, temperatura promedio anual del lugar de emplazamiento de 15 °C y una humedad relativa del 80 %. Para su análisis, las aves paserinas presentes en el proyecto se pueden agrupar según los valores de sus frecuencias peak, conforme a la siguiente clasificación:

<u>Banda de 1 kHz</u>:   Churrín, Tapaculo y Turca.

<u>Banda de 2 kHz</u>:   Bailarín chico, Chercán, Diucón, Fío-fío, Rara, Tenca y Turca.

<u>Banda de 4 kHz</u>:   Bandurrilla, Cachudito, Canastero, Chercán, Chincol, Chiricoca, Dormilona de frente negra, Fío-fío, Golondrina chilena, Loica, Platero, Rara, Rayadito, Tenca, Tijeral y Viudita.

<u>Banda de 8 kHz</u>:   Canastero, Chercán, Diucón, Loica y Pájaro plomo.

- <u>Influencia etapa de construcción</u>

La condición para la distancia inicial (10 metros) da cuenta del enmascaramiento que provoca el funcionamiento simultáneo de las fuentes de ruido asociadas a esta etapa, para todas las aves paserinas presentes en el proyecto. No obstante, la composición espectral de de esta etapa para las bandas de octava donde se ubican las frecuencias peak de las especies, da cuenta de que mientras más grave sea la banda de octava de esta variable, existirá un enmascaramiento frecuencial más representativo.

Considerando aquello, el escenario más desfavorable para las aves paserinas, tiene lugar en las especies cuyas frecuencias peak se ubican en la banda de 1 kHz, dado que se necesita una mayor atenuación sonora para el cumplimiento del criterio de evaluación. La figura 4.10 da cuenta de los escenarios sonoros a los que están expuestos las aves paserinas según sus valores de frecuencias peak, para la condición con distancia inicial:

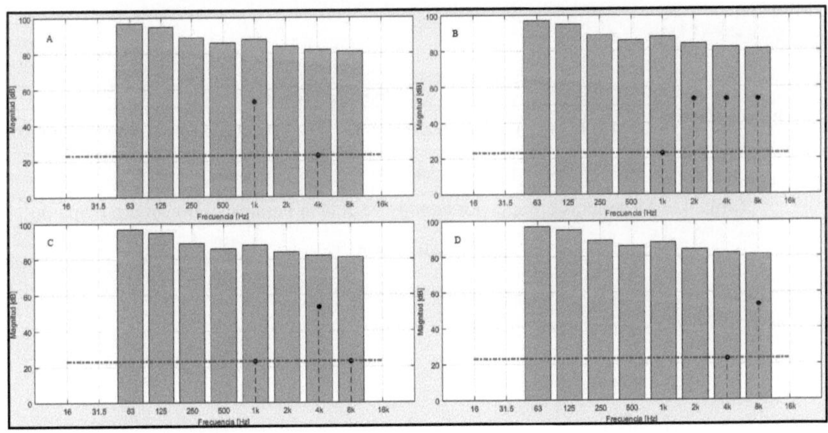

Figura 4.10: Influencia etapa de construcción sobre vocalizaciones del Churrín (A), el Chercán (B), el Cachudito (C) y el Pájaro plomo (D).

En la gráfica correspondiente a las vocalizaciones del Chercán (B), es posible advertir que esta especie cuenta con sus frecuencias peak en más de una banda de octava, por lo que las medidas de mitigación utilizadas para el cumplimiento del criterio de evaluación, deberían estar enfocadas en todas estas bandas. Sin embargo, la utilización de la atenuación sonora por distancia obtenida a través del software, da cuenta del cumplimiento del criterio de evaluación para la banda de octava más grave, con lo cual se daría cumplimiento a las otras bandas más agudas donde se ubiquen las frecuencias peak tanto del Chercán como de otras especies en la misma situación.

En cuanto a la condición para la cual no existirá una interrupción en el proceso de detección de las vocalizaciones de estas especies, mientras más grave sea la banda de octava donde se ubican las frecuencias peak, mayor será la atenuación necesaria para el cumplimiento del criterio de evaluación. A continuación se muestran las distancias críticas (tabla 4.9) asociadas a cada caso para las mismas especies de la figura anterior y la atenuación sonora provocada por la absorción atmosférica (figura 4.11), para estas distancias.

Fuentes de ruido	Banda de octava			
	1 kHz. (Caso A)	2 kHz. (Caso B)	4 kHz. (Caso C)	8 kHz. (Caso D)
Espectro etapa de construcción	12.8 km.	5.4 km.	1.68 km.	455 m.

Tabla 4.9: Distancias críticas por bandas de octava para espectro sonoro etapa de construcción.

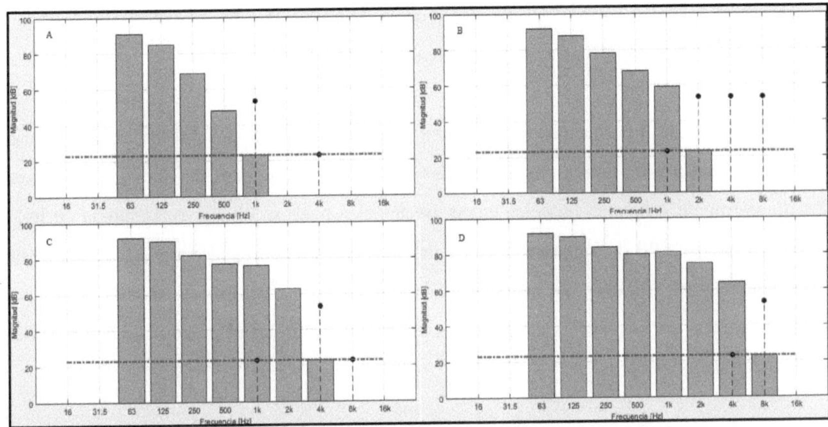

Figura 4.11: Influencia etapa de construcción sobre vocalizaciones del Churrín (A), el Chercán (B), el Cachudito (C) y el Pájaro plomo (D), para condición con distancia crítica.

- Influencia etapa de operación

En esta etapa, se tienen espectros sonoros asociados a las fases de despegue y aterrizaje de 2 tipos de aeronaves: Airbus 320 y Boeing 737-300. Para estos 4 escenarios, se tienen diferentes grados de influencia sobre las vocalizaciones de las aves paserinas, dependiendo el NPS de cada fuente de ruido en las bandas de octava donde se ubiquen las frecuencias peak de las especies y la atenuación provocada por las condiciones atmosféricas para éstas.

Para la condición con distancia inicial (305 metros), al igual que en la etapa anterior, las aves paserinas cuyas frecuencias peak se ubican en la banda de 1 kHz, necesitarán una atenuación mayor para dar cumplimiento al criterio de evaluación propuesto, ya que las 4 fuentes de ruido contienen un mayor nivel de presión sonora en esta banda. En ese sentido, el escenario más desfavorable en cuanto al enmascaramiento de vocalizaciones, tendrá lugar en el espectro sonoro del aterrizaje de la aeronave Boeing 737 sobre los cantos y llamados del Churrín, el Tapaculo y la Turca.

Por otro lado, los escenarios que tienen una menor influencia sobre las vocalizaciones las aves paserinas tienen lugar en las fases de despegue de ambas aeronaves, particularmente sobre las especies cuyas frecuencias peak se ubican en la banda de los 8 kHz, ya que el NPS de ambas aeronaves tienen valores menores al correspondiente de las frecuencias peak (53 dB). No obstante, según el criterio de evaluación propuesto, aún con esta diferencia en los niveles se generaría una interrupción en el proceso de detección de sus vocalizaciones.

La siguiente figura muestra las gráficas asociadas al escenario más desfavorable (Fase aterrizaje Boeing 737-300) sobre las vocalizaciones del Tapaculo (A) y otra correspondientes al escenario con menor influencia (Fase despegue Boeing 737-300) sobre las vocalizaciones del Pájaro plomo (B).

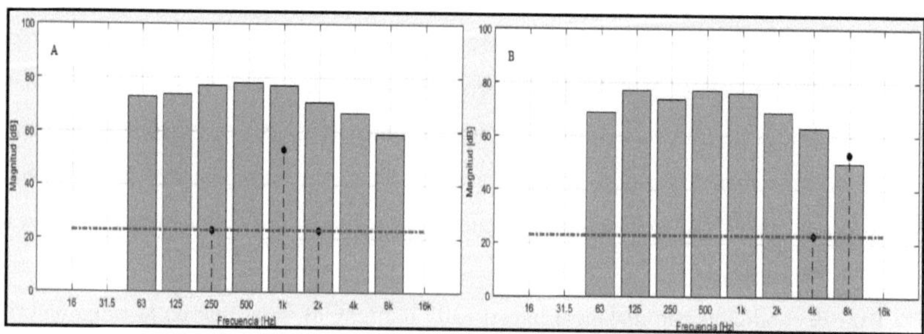

Figura 4.12: Influencia fase de aterrizaje sobre vocalizaciones del Tapaculo (A) e influencia fase de despegue sobre vocalizaciones del Pájaro plomo (B); Aeronave Boeing 737-300.

La condición para las distancias críticas da cuenta de la atenuación sonora necesaria que debe tener cada fuente de ruido asociada a esta etapa, para mantener una relación señal ruido óptima para la realización del proceso de detección de las vocalizaciones de las aves paserinas. Los valores de estas distancias para cada escenario sonoro, se describen en la siguiente tabla:

Fuentes de ruido	Bandas de octava			
	1 kHz.	2 kHz.	4 kHz.	8 kHz.
Fase despegue Airbus 320	10.2 km.	4.6 km.	1.2 km.	220 m.
Fase aterrizaje Airbus 320	10.5 km.	4.5 km.	1.5 km.	270 m.
Fase despegue Boeing 737-300	10.5 km.	4 km.	1.1 km.	210 m.
Fase aterrizaje Boeing 737-300	10.6 km.	6.9 km.	1.2 km.	280 m.

Tabla 4.10: Distancias críticas por bandas de octava para espectros sonoros etapa de operación.

Cabe destacar que el cumplimiento del criterio de evaluación para la banda de octava de 1 kHz, permitiría obtener escenarios con una relación señal ruido más amplia para las aves paserinas cuyas frecuencias peak se ubican en otras bandas de octava. La figura 4.13 muestra el mismo escenario graficado anteriormente, pero considerando la condición con las distancias críticas mencionadas:

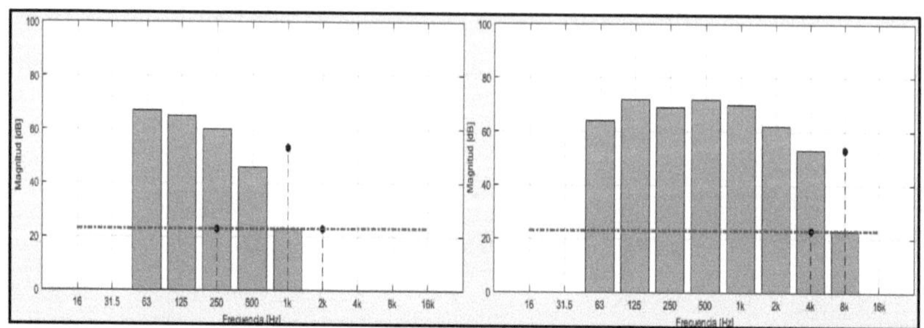

Figura 4.13: Influencia fase de aterrizaje sobre vocalizaciones de Tapaculo (A) e influencia fase de despegue sobre vocalizaciones de Pájaro plomo (B). Condición distancias críticas para Aeronave Boeing 737-300.

iv. <u>Mejoramiento Ruta 199-CH, sector Puesco – Paso Mamuil Malal</u>

Las variables de este proyecto son las siguientes: 11 fuentes de ruido asociadas a la etapa de construcción, 3 fuentes de ruido asociadas a la etapa de operación, vocalizaciones de 13 especies de aves paserinas, temperatura promedio anual del lugar de emplazamiento de 10 °C y una humedad relativa del 80 %. Las aves paserinas presentes en el proyecto se pueden clasificar según las bandas de octava donde se ubican sus frecuencias peak, dando lugar a los siguientes grupos:

<u>Banda de 500 Hz</u>:   Hued-hued del sur.

<u>Banda de 1 kHz</u>:   Chucao y Hued-hued del sur.

<u>Banda de 2 kHz</u>:   Chercán, Chucao, Diucón, Fío-fío, Hued-hued del sur, Siete colores, Trabajador y Trile.

<u>Banda de 4 kHz</u>:   Chercán, Chucao, Colilarga, Comesebo grande, Cometocino patagónico, Fío-fío, Rayadito, Trabajador y Viudita.

<u>Banda de 8 kHz</u>:   Chercán, Cometocino patagónico y Diucón.

Al igual que en el proyecto anterior, existen especies cuyas frecuencias peak se ubican en más de una banda de octava, por lo que las medidas de mitigación tendientes a dar cumplimiento al criterio de evaluación, deberían tener lugar en cada una de ellas. No obstante, la atenuación sonora utilizada en el software, entrega los valores de distancias críticas para la banda de octava más grave de las frecuencias peak, con lo cual se da cumplimiento al criterio de evaluación para todas las bandas de octava.

- Influencia etapa de construcción

Al igual que en proyectos anteriores, el espectro sonoro de la etapa de construcción contiene un mayor nivel de presión sonora para el rango de frecuencias más graves. En ese sentido, considerando las bandas donde se ubican las frecuencias peak de las vocalizaciones, el escenario sonoro más desfavorable tendría lugar en el Hued-hued del sur, dado que contiene algunas de sus frecuencias peak en la banda de los 500 Hz. La siguiente figura muestra la influencia de esta etapa para la condición con distancia inicial (10 metros) sobre las vocalizaciones del Hued-hued del sur y del Cometocino patagónico.

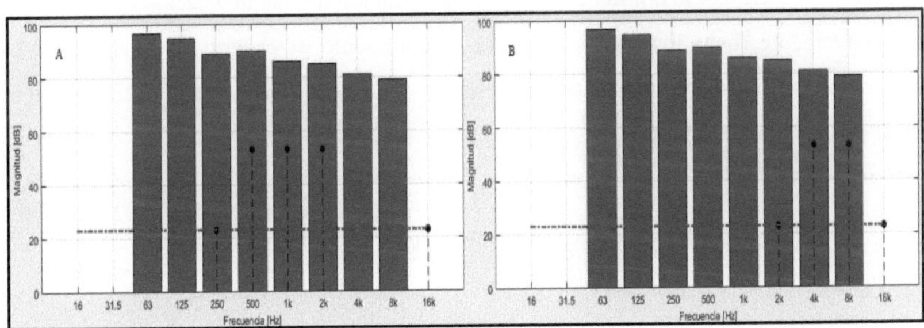

Figura 4.14: Influencia etapa de construcción sobre vocalizaciones de Hued-hued del sur (A) y Cometocino patagónico (B), para condición con distancia inicial.

Cabe destacar que para ambas especies, se cuenta con frecuencias peak ubicadas en diferentes bandas de octava, existiendo un mayor grado de enmascaramiento en las que tienen valores más graves, dado que el funcionamiento simultáneo de las fuentes de ruido asociadas a esta etapa cuentan con un mayor NPS en aquellas bandas.

En relación a la condición para las distancias críticas, la siguiente tabla muestra los valores asociados a cada banda de octava donde se ubican las frecuencias peak, a partir de los cuales no debiera existir una interrupción en el proceso de detección de las vocalizaciones producto de la atenuación sonora en esas bandas.

Fuentes de ruido	Bandas de octava			
	500 Hz.	1 kHz.	2 kHz.	4 kHz.
Espectro etapa de construcción	28.2 km.	13.8 km.	4.9 km.	1.3 km.

Tabla 4.11: Distancias críticas por bandas de octava para espectro sonoro etapa de construcción.

Las distancias críticas obtenidas para estos escenarios con mayor y menor influencia (banda de 500 Hz y 4 kHz), tienen lugar en la obtención de una atenuación de 37 y 28 dB respectivamente, bajo los cuales se daría cumplimiento al criterio de evaluación. Las atenuaciones de estas distancias, para las especies asociadas a cada banda de octava, tienen lugar en la siguiente figura:

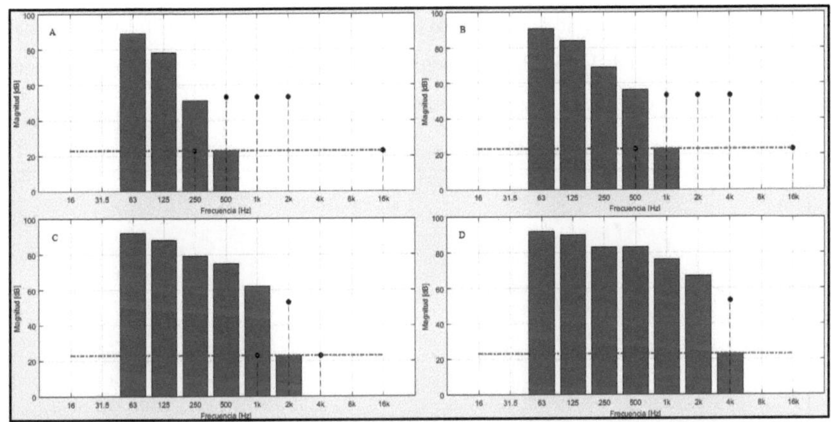

Figura 4.15: Influencia etapa de construcción sobre vocalizaciones de Hued-hued del sur (A), Chucao (B), Siete colores (C) y Viudita (D), para condición con distancia crítica.

- <u>Influencia etapa de operación</u>

Para esta etapa se cuenta con los espectros sonoros asociados al ruido generado por vehículos livianos, medianos y pesados. Conforme a los niveles de presión sonora presentes en cada banda de octava de estos espectros, el correspondiente a los vehículos pesados provocaría una mayor afectación sobre las vocalizaciones de las aves paserinas, mientras que el ruido asociado a los vehículos livianos tendría una menor influencia.

La condición para la distancia inicial (15 metros) muestra el grado de enmascaramiento que tendrían las frecuencias peak de las especies, dependiendo de las bandas de octava donde estén ubicadas, producto del espectro sonoro de ambas fuentes. Al igual que en la etapa anterior, el espectro asociado a los vehículos pesados contiene su mayor NPS en la banda de los 500 Hz., por lo que el escenario más desfavorable estaría sobre las vocalizaciones del Hued-hued del sur. Por el contrario, el escenario de menor influencia (aunque no exento de un enmascaramiento) lo tendrían las especies cuyas frecuencias peak se ubican en la banda de los 4 kHz., producto del ruido asociado a los vehículos livianos en esa banda. Ambos escenarios se ven representados en la siguiente figura:

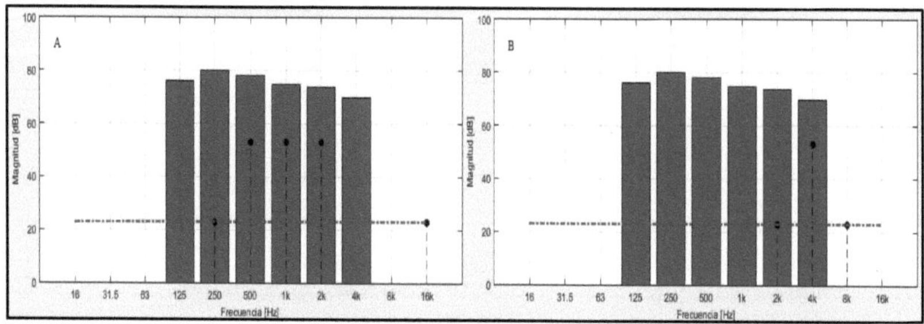

Figura 4.16: Influencia espectro sonoro vehículos pesados sobre Hued-hued del sur (A) e influencia espectro sonoro vehículos livianos sobre el Rayadito (B), para condición distancia inicial.

Por otro lado, la condición para las distancias críticas entrega los valores bajo los cuales la atenuación sonora provocada en los 3 espectros sonoros de las fuentes de ruido, permitirá a las aves paserinas generar el proceso de detección de las vocalizaciones sin interrupción antropogénica, conforme a lo descrito en el criterio de evaluación. El detalle de estas distancias tiene lugar en la siguiente tabla:

Fuentes de ruido	Bandas de octava			
	500 Hz.	1 kHz.	2 kHz.	4 kHz.
Vehículos livianos	16.5 km.	9.2 km.	3.5 km.	880 m.
Vehículos mediano	20 km.	10 km.	3.55 km.	1 km.
Vehículos pesados	23 km.	11.2 km.	4 km.	1.1 km.

Tabla 4.12: Distancias críticas por bandas de octava para espectros sonoros etapa de operación.

La atenuación producida en el espectro sonoro de los vehículos pesados mediante estas distancias críticas, para las mismas especies utilizadas en la etapa anterior, tiene lugar en la siguiente figura:

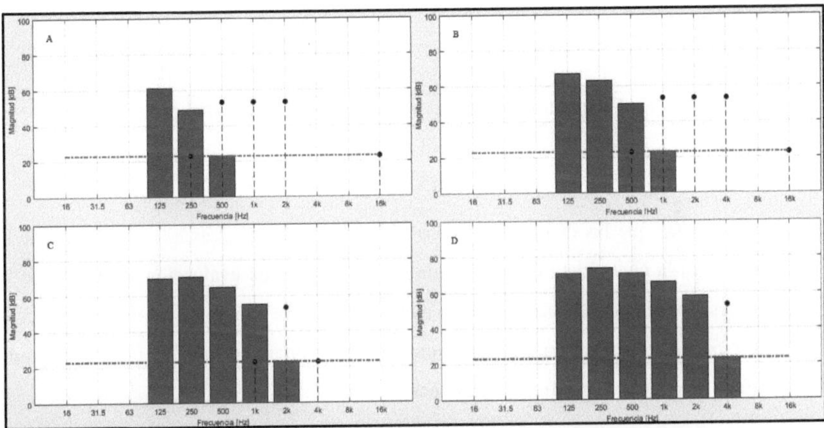

Figura 4.17: Influencia espectro sonoro vehículos pesados sobre vocalizaciones de Huedhued del sur (A), Chucao (B), Siete colores (C) y Viudita (D), para condición con distancia crítica.

e) <u>Imágenes del software ejecutable para escenarios sonoros en cada EIA</u>

Las siguientes figuras muestran algunas imágenes de la interfaz gráfica, correspondientes a los escenarios sonoros más desfavorables para las aves paserinas presentes en cada proyecto a raíz de los espectros asociados a sus fuentes de ruido, obtenido a partir de la condición para las distancias críticas en el software ejecutable.

La descripción de estos escenarios tiene lugar en la siguiente tabla:

Proyecto	Etapa	Ave paserina	Bandas de octava de frecuencias peak
Línea de Transmisión Eléctrica Cerro Pabellón	Construcción	Cometocino del norte	4 kHz.
Parque Eólico Sarco	Construcción	Tapaculo	1 kHz.
Nuevo Aeropuerto de la IV Región	Construcción	Turca	1 y 2 kHz.
Mejoramiento Ruta 199-CH	Construcción	Hued-hued del sur	500 Hz, 1 y 2 kHz.

Tabla 4.13: Escenarios más desfavorables para aves paserinas presentes en los proyectos.

Cabe señalar que las distancias críticas obtenidas en cada escenario dan cuenta de la condición para la cual existirá el cumplimiento del criterio de evaluación propuesto en la presente tesis, vale decir el escenario bajo el cual no existirá una interrupción en el proceso de detección de las vocalizaciones, producto del enmascaramiento de las fuentes de ruido en la banda de octava de sus frecuencias peak.

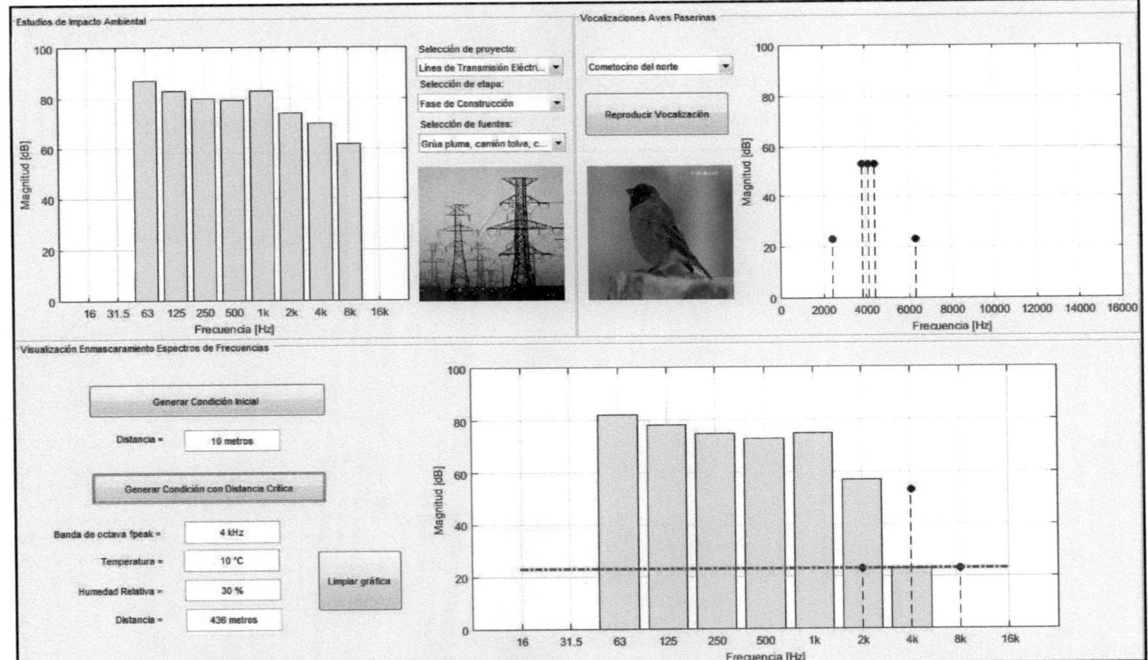

Figura 4.18: Visualización interfaz gráfica para influencia etapa de construcción sobre las vocalizaciones del Cometocino del Norte, para condición con distancia crítica. Proyecto Línea de Transmisión Eléctrica Cerro Pabellón.

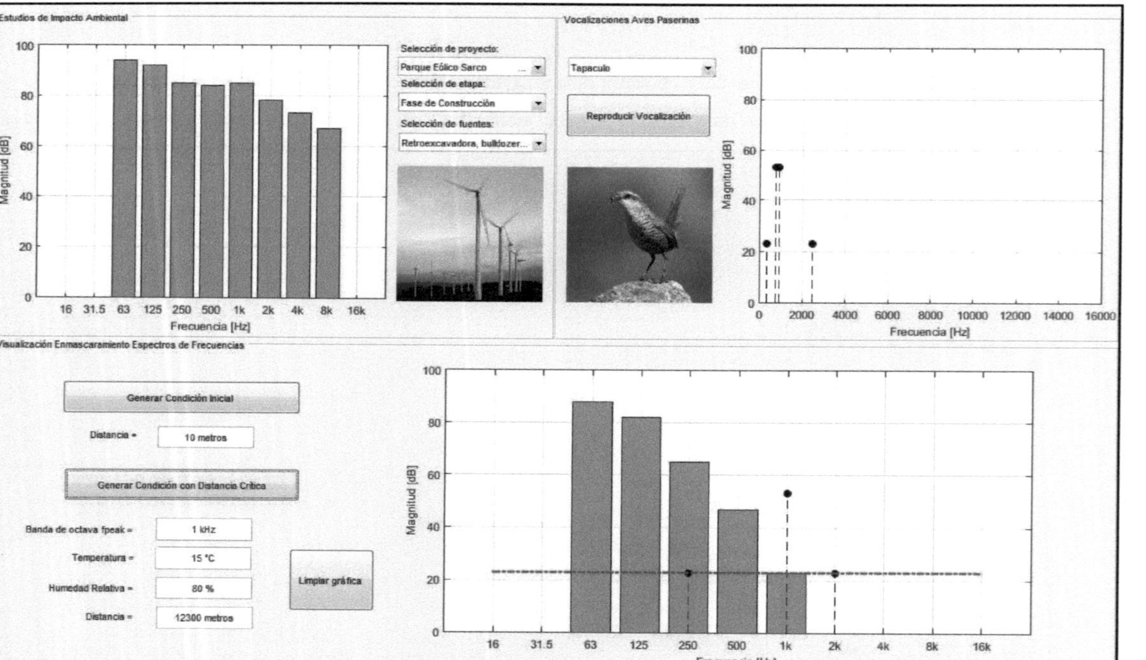

Figura 4.19: Visualización interfaz gráfica para influencia etapa de construcción sobre las vocalizaciones del Tapaculo, para condición con distancia crítica. Proyecto Parque Eólico Sarco.

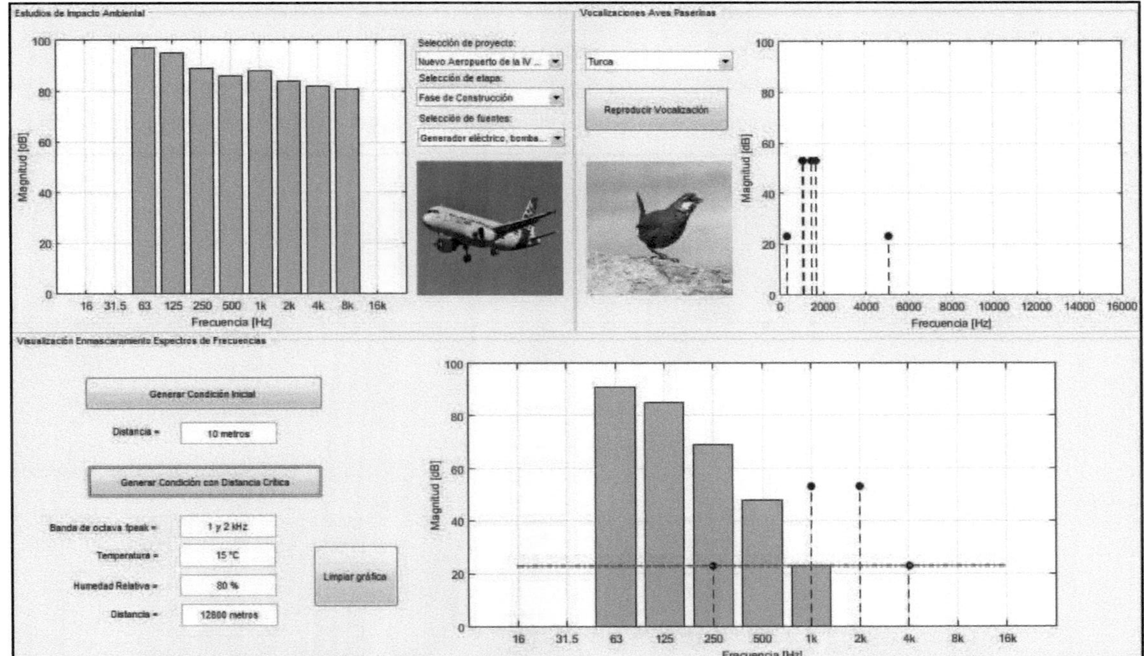

Figura 4.20: Visualización interfaz gráfica para influencia etapa de construcción sobre las vocalizaciones de la Turca, para condición con distancia crítica. Proyecto Nuevo Aeropuerto de la IV Región.

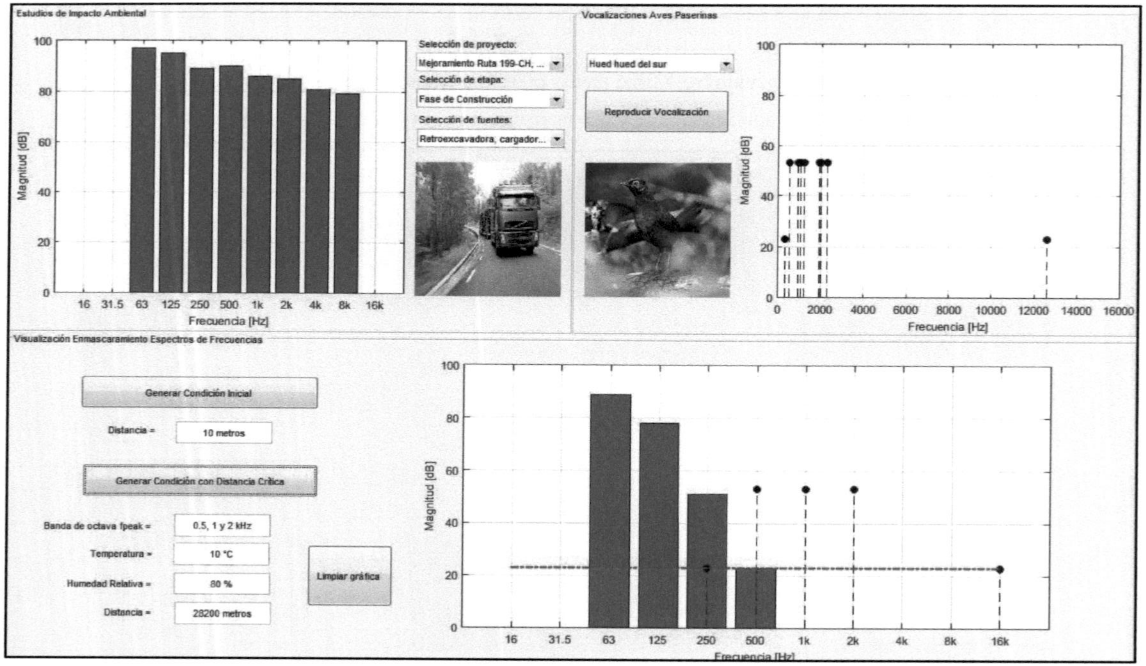

Figura 4.21: Visualización interfaz gráfica para influencia etapa de construcción sobre las vocalizaciones del Hued-hued del sur, para condición con distancia crítica. Proyecto Mejoramiento Ruta 199-CH

5 DISCUSIÓN

En primera instancia, la mayoría de las muestras de vocalizaciones se obtuvieron a partir de grabaciones de campo realizadas en diferentes Áreas Silvestres Protegidas en Chile. Si bien aquello garantizó que las vocalizaciones se encontraran sin la influencia de ruido antropogénico, se desconoce la totalidad de condiciones ambientales de cada lugar y las condiciones técnicas por las cuales se llevaron a cabo los registros. Sin embargo, la metodología utilizada en la extracción de los parámetros acústicos, permitió visualizar sólo la vocalización del ave objetivo, omitiendo otras fuentes naturales que pudiesen existir en cada locación. Además, la mayoría de los resultados obtenidos tienen directa relación con los publicados en la literatura.

Cabe destacar que la extracción de parámetros acústicos se basó en experiencias ya realizadas anteriormente, las cuales no consideraron la cuantificación de una amplitud absoluta, siendo los registros realizados sin la medición de niveles de presión sonora. A raíz de ello, se hizo necesario utilizar amplitudes (nivel de presión sonora peak) obtenidas en experiencias de laboratorio, que sirvieran de referencia para poder caracterizar las vocalizaciones y estimar las distancias críticas en el software ejecutable. Se hace importante considerar que el software ejecutable muestra solamente los escenarios acústicos generados por los cuatro Estudios de Impacto Ambiental en estudio, pudiendo ser incorporados nuevos proyectos y variables (con una mayor cantidad de muestras) en futuras líneas de investigación.

En cuanto a la estimación de los niveles de presión sonora de cada espectro sonoro asociado a las fuentes de ruido, las distancias críticas se obtuvieron a partir de la atenuación sonora provocada netamente por la absorción atmosférica, según el procedimiento descrito en la norma técnica ISO 9613-1:1993. Esta estimación basada en un solo tipo de atenuación sonora debe ser complementada por las descritas en la segunda parte de esta norma técnica, ya que considera, además de la mencionada, la atenuación por divergencia geométrica, el efecto del suelo, las reflexiones de superficies y el apantallamiento por obstáculos.

No obstante, si bien la estimación realizada con la norma técnica ISO 9613-2:1996 hubiese representado un escenario más real, la consideración de la atenuación sonora provocada netamente por la absorción atmosférica, da cuenta de un escenario bajo una condición más segura para las aves paserinas (escenario más desfavorable), en cuanto al enmascaramiento de sus vocalizaciones.

En resumen, las condiciones descritas en los incisos anteriores dan cuenta de los siguientes variables: a) no se conocen todas las condiciones ambientales y técnicas por las cuales se realizaron los registros de las vocalizaciones, b) se utilizó una misma amplitud extraída de experiencias en laboratorios para las variables de todas las vocalizaciones de las aves paserinas y c) la estimación de los niveles de presión sonora consideraron un solo tipo de atenuación sonora.

Si bien todas las variables comentadas ejercen un grado de influencia en los resultados obtenidos, tanto en el análisis de las vocalizaciones como en la implementación del software ejecutable, la utilización de éste da cuenta de los parámetros a considerar para obtener una representatividad mayor en futuras experiencias. Para efectos de los alcances del trabajo de tesis, los supuestos utilizados son válidos.

El software ejecutable da cuenta del rango de frecuencias donde se ubican las vocalizaciones de las aves paserinas en estudio, proponiendo un criterio basado en experiencias de laboratorio, que permita evaluar el grado de enmascaramiento frecuencial generado por ciertas fuentes de ruido ambiental sobre sus cantos y llamados. Cabe destacar que la información del rango de frecuencias donde se ubican las vocalizaciones y la proposición de este criterio de evaluación, permite conocer las bandas de octava donde implementar diversas medidas de mitigación al impacto, ya sea a través de una atenuación sonora por distancia (software ejecutable) o la aplicación de barreras acústicas, entre otras.

En relación a los Estudios de Impacto Ambiental, no se consideró a la etapa de cierre debido a que las fuentes de ruido asociadas son de similares características a las utilizadas en la etapa de construcción. Por otro lado, si bien se realizó una comparación de los EIA basada en los contenidos mínimos descritos en el RSEIA, el número de Estudios analizados (4) no permite establecer una tendencia en cuanto a la evaluación de impacto del ruido sobre la fauna silvestre en Chile. No obstante, se definen los aspectos relevantes a considerar para la comparación de Estudios de Impacto Ambiental en cuanto a la evaluación del impacto, basada principalmente en los contenidos mínimos del Reglamento del SEIA vigente.

6   CONCLUSIONES

En la presente tesis se realizó un análisis acústico de 126 vocalizaciones de aves paserinas presentes en Chile, considerando los parámetros de frecuencia mínima, frecuencia máxima, ancho de banda y frecuencia peak para cada muestra. Este análisis acústico permitió obtener tanto el rango de frecuencias donde se ubican sus vocalizaciones (268 - 14.613 Hz), como el rango donde se tiene una mayor concentración energética en su emisión (517 - 8.269 Hz). La mayoría de los valores de los rangos de frecuencias están acordes a lo descrito en la literatura, siendo su conformación un insumo importante para el desarrollo de investigaciones en las áreas de la Acústica Ambiental y la Bioacústica.

En relación a la Acústica Ambiental, el conocimiento de estos rangos ha permitido definir las bandas de frecuencias bajo las cuales diseñar e implementar medidas de mitigación tendientes a minimizar el impacto del ruido ambiental sobre las aves paserinas, en cuanto al enmascaramiento frecuencial de sus vocalizaciones.

En el área de la Bioacústica, los resultados obtenidos sugieren que, además de las diferencias que se tienen entre cantos y llamados a nivel estructural y de duración (descrito en literatura), existen variaciones en el rango de frecuencias con que se emiten cada una de estas vocalizaciones. Sumado a ello, se concluye que las diferencias entre las variables extraídas para individuos de una misma especie, pueden estar asociadas tanto a su distribución geográfica como a las condiciones técnicas con que fueron registradas sus vocalizaciones; mientras que las diferencias que se tienen entre las vocalizaciones de individuos de diferentes especies, pueden estar asociadas a su condición corporal, vale decir la influencia del factor morfológico descrito en la teoría de la Bioacústica.

Por otro lado, se realizó una comparación de la evaluación de impacto del ruido sobre la fauna silvestre descrita en cuatro Estudios de Impacto Ambiental, concluyendo que podría existir cierto desconocimiento tanto por parte de los Titulares de proyectos y actividades, en relación a la cuantificación del impacto, como de las Autoridades, en cuanto a la recomendación de normativas de referencia (extranjeras) o bibliografía actualizada que permita estimar el impacto. En este sentido, ha quedado en evidencia que es necesario mayor rigurosidad en el tratamiento de este impacto ambiental, sus alcances técnicos y la calidad de las discusiones asociadas. Se pudo constatar en la revisión de los proyectos y actividades que ingresan al SEIA, omisión de la información necesaria para caracterizar tanto el contaminante ruido como el componente ambiental de la fauna silvestre (periodos de mayor relevancia).

La utilización de la diferencia de niveles de presión sonora entre el escenario con el proyecto en funcionamiento y el entorno característico previo a su ejecución (letra e, Art. 6°, RSEIA), constituye un aspecto que permite cuantificar el grado de modificación que tendrán los lugares de interés para las especies, en cuanto al espacio activo disponible para su comunicación acústica.

En relación a las fuentes de ruido de cada proyecto, se determinaron las características acústicas susceptibles de generar respuestas de comportamiento en aves paserinas, basadas en el enmascaramiento de sus vocalizaciones. En este respecto, se concluye que las fuentes de ruido de carácter impulsivo (predominio en etapa de construcción) pueden generar respuestas evasivas ante el impacto; mientras que las fuentes de ruido continuo (etapa de operación) pueden provocar que las aves paserinas que se habitúen en los entornos cercanos a éstas, modifiquen ciertos parámetros acústicos en sus cantos, con tal de realizar los procesos de detección, discriminación y reconocimiento en su comunicación acústica. Además, estas respuestas acarrean costos energéticos importantes en las aves paserinas (asociados a la supervivencia y éxito reproductivo), que pueden ir desde una salida repentina de un ave que está anidando, lo que puede provocar una expulsión casual de la cría en el nido; hasta un mayor consumo de oxígeno para emitir frecuencias con mayor amplitud.

Ante la relevancia de la influencia que ejerce el ruido ambiental sobre las aves paserinas, en relación al enmascaramiento de sus vocalizaciones, se diseñó e implementó un software ejecutable que permita cuantificar tal afectación, proponiendo un criterio de evaluación (asociado a la variable de frecuencia peak), bajo el cual no exista una interrupción en el proceso elemental dentro de su comunicación acústica: la detección de sus cantos y llamados. Su implementación sobre los cuatro proyectos en estudio, permitió visualizar el enmascaramiento frecuencial provocado por los espectros sonoros de las fuentes de ruido ambiental (para ambas etapas) sobre las variables acústicas (frecuencia mínima, frecuencia máxima y frecuencia peak) de las vocalizaciones de las aves paserinas presentes en sus áreas de influencia, tanto para una condición con una distancia inicial y otra para una distancia crítica, bajo la cual no exista una interrupción en el proceso de detección de las vocalizaciones.

Con respecto a la condición dada para una distancia inicial, los espectros sonoros asociados, tanto a la etapa de construcción como de operación, contienen una mayor contribución energética en bandas de frecuencias graves. Por esta razón, se concluye que mientras más agudas sean las bandas donde se ubican las frecuencias peak de las vocalizaciones, menor será su afectación producto del enmascaramiento frecuencial con respecto al proceso de detección de las señales. No obstante, dado que existe un enmascaramiento frecuencial en la variable de frecuencia mínima y no se cuenta con un criterio de evaluación que permita estimar aquel impacto, es posible que exista un desplazamiento en sus valores.

La condición de distancia crítica da cuenta de la atenuación sonora provocada por las condiciones atmosféricas de cada proyecto y su programación (según ISO 9613-1:1993), permitió estimar las distancias críticas a partir de la cuales se da cumplimiento al criterio de evaluación propuesto para los cuatro proyectos en estudio, identificando los escenarios sonoros más desfavorables para las aves paserinas en cuanto al enmascaramiento frecuencial de sus vocalizaciones. El criterio de evaluación propuesto reconoce la importancia que tienen las experiencias de laboratorio asociadas a ratios críticos, ya que permiten obtener una relación cuantitativa entre la composición espectral del ruido ambiental y las bandas de frecuencias donde se ubican las variables de frecuencias peak de las vocalizaciones.

De acuerdo a las consideraciones de este trabajo, el software ejecutable desarrollado, tanto en su diseño como implementación, es un aporte concreto a la generación de avances en la evaluación de impacto del ruido ambiental sobre las aves paserinas presentes en Chile.

La presente tesis podrá servir como referencia para la generación de nuevas investigaciones asociadas a la evaluación de impacto del ruido ambiental sobre las aves paserinas presentes en Chile, que deberían ser abordadas desde una perspectiva multidisciplinaria conformada por profesionales del área de la Acústica, Biología y Ecología; considerando las materias que en este trabajo se han abordado. En este sentido, se espera haber contribuido a la contextualización de la Acústica Ambiental en Chile y al conocimiento de los efectos adversos que tiene el ruido ambiental sobre la fauna silvestre y las aves paserinas en particular, destacando la importancia de su comunicación acústica.

6.1 Futuras líneas de investigación

- Desarrollo de estudios que aborden la influencia de condiciones ambientales como la topografía, vegetación y ruidos naturales; sobre el espacio activo disponible para la comunicación acústica de aves paserinas presentes en Chile (factor de adaptación acústica). Esta investigación estaría enfocada en estimar el espacio activo disponible para estas especies en diversos entornos naturales.

-      Desarrollo de estudio enfocado en proponer una metodología estándar para el registro sonoro de las vocalizaciones de aves paserinas, para fines de investigación. Esta metodología podría incluir dar cuenta de las diversas variables con que se realizan los registros, vale decir equipamientos, distancia entre la fuente sonora y el micrófono o condiciones ambientales imperantes en los entornos naturales, entre otras. Esta iniciativa permitiría comparar los diversos parámetros asociados a las vocalizaciones, con una mayor precisión.

- Investigación enfocada en determinar la influencia de la distribución geográfica de aves paserinas de una misma especie, presentes en Chile, en las características de sus vocalizaciones. Los parámetros acústicos a considerar en estas características podrían ser la duración (tanto de sílabas como el intervalo entre ellas), el rango de frecuencias (frecuencia mínima, máxima y peak) y la amplitud. Se hace importante precisar que la metodología utilizada en el registro sonoro de las vocalizaciones debiera ser la misma.

- Conforme a la metodología utilizada en la presente tesis, en relación a la extracción de parámetros acústicos de las vocalizaciones de aves paserinas (tabla 4.1), se sugiere emprender estudios que consideren un mayor número de muestras incorporando la variable estadística asociada a un margen de error, con tal de avalar o cuestionar los resultados obtenidos.

- Realización de estudios enfocados en determinar y caracterizar el repertorio acústico generado por otros grupos taxonómicos cuya comunicación acústica sea relevante en sus procesos de percepción. La generación de este estudio permitiría evaluar de mejor manera el grado de intervención que puede provocar el ruido ambiental sobre su comunicación acústica. Conforme a lo investigado en la presente tesis, se propone la realización de este estudio en el grupo de los anfibios.

- Generación de investigaciones que permitan analizar y cuantificar las respuestas evasivas de aves paserinas ante el impacto de ruido ambiental. Se propone como alcance la medición de abundancia, densidad y cantidad de nidos en puntos cercanos y alejados de fuentes de ruido ambiental (e.g. vías de tráfico vehicular o aeropuertos). Se sugiere considerar el nivel de presión sonora generado por estas fuentes de ruido en los entornos donde se realizarán las mediciones comentadas.

- Conforme a lo descrito en el punto anterior, se propone realizar una investigación que permita comparar los parámetros acústicos asociados a los cantos de aves paserinas en entornos cercanos y alejados de fuentes de ruido ambiental (e.g. vías de tráfico vehicular o aeropuertos). Su cuantificación permitirá analizar una posible modificación en el contenido frecuencial, duración, temporalidad o en la amplitud de sus cantos.

- Realización de experiencias en laboratorio que permitan obtener y definir los ratios críticos de una o más especies de aves paserinas presentes en Chile. Este insumo permitiría obtener una aproximación de la relación señal ruido necesaria por la cual se llevan a cabo los procesos de detección, discriminación y reconocimiento en la comunicación acústica de estas especies.

7   **REFERENCIAS BIBLIOGRÁFICAS**

Alcaíno, J. & Pérez, F. 2004. *Diseño de un sistema de control aviario para el aeropuerto Arturo Merino Benítez*. Tesis de grado para optar al título profesional de Ingeniero de Ejecución en Sonido. Universidad Tecnológica Vicente Pérez Rosales. Santiago, Chile.

Arenas, J. & Gerges, S. 2004. *Fundamentos y Control de Ruido y Vibraciones*. Florianópolis, Santa Catarina. Brasil. Ed. NR.

AVOCET. 2014. Avian Vocalizations Center Project. Department of Zoology, Division of Natural Science. Michigan State Univesity, USA. Disponible en Sitio web: http://avocet.zoology.msu.edu/. [Consultado entre Agosto y Octubre, 2014]

Barber, J. Brown, C. Hardy, A. Fristrup, K. & Angeloti, M. 2010a. *Conserving the wild life therein: Protecting park fauna from anthropogenic noise*. Park Science, 26 (3), pp. 26 – 31.

Barber, J. Crooks, K. & Fristrup, K. 2010b. *The cost of chronic noise exposure for terrestrial organism*. Trends in Ecology and Evolution 25 (3), pp. 180 - 189.

Barber, J. Turina, F. Fristrup, K. 2010c. *Tolerating noise and the ecological cost of "habituation"*. Park Science 26 (3), pp. 24 – 25.

Barber, J. & Fristrup, K. 2010. *Relating wildlife behavioral responses to noise to ecological consequences*. Park Science 26 (3), pp. 23 - 25.

Bartheld, J. Moreno-Gómez, F. Soto-Gamboa, M. Silva-Escobar, A. & Suazo, C. 2011. *Monitoreo Acústico de Aves y Anfibios en el Bosque Costero Valdiviano*. Valdivia, Chile, 78 pp.

Bautista, L. García, J. Calmaestra, R. Palacín, C. Martín, C. Morales, M. Bonal, R. & Viñuela, J. 2004. *Effect of weekend road traffic on the use of space by raptors*. Conservation Biology 18, pp. 726 – 732.

Bayne, E. Habib, L. & Boutin, S. 2008. *Impacts of chronic anthropogenic noise from energy-sector activity on abundance of songbirds in the boreal forest*. Conservarion Biology, 22 (5), pp. 1186 – 1193.

B&K. 2000. Brüel & Kjaer Sound & Vibration Measurement A/S. *Environmental Noise Booklet BR1630-11*. Disponible en sitio web:

http://www.bksv.es/~/media/applications/environmentalnoiseandvibration/environmenta lnoisebooklet_spanish.ashx. [Consultado en Noviembre 17, 2014].

BRP. 2013. Bioacoustics Research Program. *Raven Pro: Interactive Sound Analysis Software.* Versión 1.5. Ithaca, NY: The Cornell Lab of Ornithology. Disponible en Sitio web: http://www.birds.cornell.edu/brp/raven.

Brumm, H. 2004. *The impact of environmental noise on song amplitude in a territorial bird.* Journal of Animal Ecology 73, pp. 434 - 440.

Brumm, H. & Zollinger, S. 2011. *The evolution of the Lombard effect: 100 years of psychoacoustic research.* Behaviour, 148, 1173 - 1198. Original no consultado citado de [Zollinger et al. 2012]

BSI. 2009. BSI British Standards. *Code of practice for noise and vibration control on construction and open sites. Part I: Noise.* Norma Técnica Británica BS 5228-1:2009.

Burdisso, R. 2014. *Acústica de turbinas eólicas: Medición, control e impacto ambiental.* IX Congreso Iberoamericano de Acústica, FIA 2014, Valdivia, Chile. No. 217.

Cardoso, G. & Atwell, J. 2011. *On the relation between loudness and the increased song frequency of urban birds.* Animal Behaviour 82, pp. 831 – 836.

Carrión, A. 1998. *Diseño acústico de espacios arquitectónico.* 1era Edición. Edicions de la Universitat Politécnica de Catalunya, Barcelona, España.

Cataldo, J. & Gutiérrez, A. 2001. *Impacto acústico de un aerogenerador en ambiente urbano.* IV Jornada Regional sobre Ruido Urbano. Montevideo, Uruguay. Julio, 2001.

Catchpole, C. & Slater, P. 2008. *Bird Song: Biological Themes and Variations.* 2da Edición. University Press, New York, United States of America. Ed. Cambridge.

CONAMA. 1998. Comisión Nacional del Medio Ambiente. *Proposiciones de Política Nacional en el Control de Ruido Ambiental.* IV Seminario sobre Contaminación Acústica, 1998. Santiago, Chile. Original no consultado citado de [Suárez. 2004].

CONAMA. 2009. Comisión Nacional del Medio Ambiente. *Especies amenazadas en Chile: Protejámoslas y evitemos su extinción.* Departamento de Protección de los Recursos Naturales, CONAMA. Santiago, Chile. Primera Edición, Volumen 1.

Collados, E. 2001. *Antecedentes para la Elaboración de Propuesta de Normativa para la Regulación de la Contaminación Acústica generada por Carreteras y Autopistas.* VI

Seminario Contaminación Acústica y Control de Ruido Ambiental. Universidad Tecnológica Vicente Pérez Rosales. Santiago, Chile. Septiembre, 2001.

DIA. 2009. Declaración de Impacto Ambiental. Proyecto *Línea de Transmisión Eléctrica 2x220 kV Osorno – Barro Blanco.* Sistema de Evaluación de Impacto Ambiental SEIA. Estudio con Resolución de Calificación Ambiental favorable con fecha Diciembre 23, 2009.

Dooling, R. & Popper, A. 2007. *The effects of highway noise on birds.* Environmental BioAcoustics LLC, Rockville, Maryland, USA. Septiembre 30, 2007.

Dooling, R. Popper A. & Fay, R. 2000. *Comparative Hearing: Birds and Reptiles.* Springer-Verlag, New York. USA. pp. 308 – 359.

Dufour, P. 1980. *Effects of noise on wildlife and other animals, Review of research since 1971.* U.S Environmental Protection Agency, Washington D.C. Julio, 1980

Farina, A. 2014. *Soundscape Ecology: Principles, Patterns, Methods and Applications.* Ed. Springer Science + Business Media Dordrecht, Netherlands. 2014

Fernández-Juricic, E. Poston, R. De Collibus, K. & Morgan, T. 2005. *Microhabitat selection and singing behavior patterns of male housefinches (Carpodacus mexicanus) in urban parks in a heavily urbanized landscape in the western.* U.S. Urban Habitats, 3, pp. 49 – 69.

FAA. 1999. Federal Aviation Administration. *Spectral classes for FAA's Integrated Noise Model version 6.0.* U.S. Departament of Transportation. Cambridge, MA. 1999

Fletcher, H. 1940. *Auditory Patterns.* Review Modern Physiology, 12:47-65. Original no consultado citado de [Gallagher et al. 2003; Dooling et al. 2000].

Fletcher, J. 1971. *Effects of noise on wildlife and other animals.* U.S. Environmental Protection Agency, Washington, D.C. Diciembre 31, 1971.

Fletcher, J. & Busnel, R. 1978. *Effects of noise on wildlife.* Academic Press, Inc. London, United Kingdom. 1978.

Forrest, T. 1994. *From sender to receiver: propagation and environmental effects on acoustic signals.* Am Zool 36, pp. 644-654. Original no consultado citado de [Farina. 2004].

Francis, C. Ortega, C. & Cruz, A. 2009. *Noise pollution changes avian communities and species interactions.* Current Biology, 19, pp. 1415 – 1419.

Francis, C. Ortega, C. & Cruz, A. 2011. *Noise pollution filters birds communities based on vocal frequency.* Plos One 6(11): e27052.

Francis, C. 2015. *Vocal thraits and diet explain avian sensitivities to anthropogenic noise.* Global Change Biology. Publicado version online en Febrero 16, 2015.

Fristrup, K & Mennitt, D. 2012. *Bioacoustical Monitoring in Terrestrial Environments.* Acoustics Today 8 (3), pp. 16 – 24.

Fuller, R. Warren, P. & Gaston, K. 2007. *Daytime noise predicts nocturnal singing in urban robins.* Biological Letters 3, pp. 368 – 370.

Gallagher, M. Nelson, R. & Weiner, I. 2003. *Volume 3 Biological Psychology, Handbook of Psychology.* Ed. John Wiley & Sons, Inc., Hoboken, New Jersey.

Gallego-Juárez, J. 2008. *La acústica en las Ciencias de la Vida.* Revista de Acústica Sociedad Española de Acústica, 39 (1), pp. 5 – 15.

Gerges, S. 2012. *Ruído de tráfico: Revisão de acoplamento pneus/estrada.* VIII Congreso Ibero-americano de Acústica. Évora, Portugal. Octubre, 2012.

Gil, D. Honarmand, M. Pascual, J. Pérez-Mena, E. & Macías, C. 2014. *Birds living near airports advance their dawn chorus and reduce overlap with aircraft noise.* Behavioral Ecology, 00 (00), pp. 1-9.

Gross, K., Pasinelli, G. & Kunc, H. 2010. *Behavioral plasticity allows short-term adjustment to a novel environment.* American Naturalist, 176, 456 – 464.

Habib, L. Bayne, E. & Boutin, S. 2007. *Chronic industrial noise affects pairing success and age structure of ovenbirds Seiurus aurocapilla.* Journal of Applied Ecology 44, pp. 176-184.

Hu, Y. & Cardoso, G. 2009. *Are bird species that vocalize at higher frequencies preadapted to inhabit noisy urban areas?.* Behavioral Ecology, 20, pp. 1268 – 1273.

ISO. 1993. International Organization for Standardization. *Part 1: Calculation of the absorption of sound by the atmosphere.* Norma técnica ISO 9613-1:1993 (E). International Standard. Ginebra, Suiza. Primera edición. Junio 1, 1993.

ISO. 1996. International Organization for Standardization. *Part 2: General method of calculation.* Norma técnica ISO 9613-2:1996 (E). International Standard. Ginebra, Suiza. Primera edición. Diciembre 15, 1996.

Kikuchi, Ryunosuke. 2008. *Adverse impacts of wind power generation on collision behavior of birds and anti-predator behavior os squirrels.* Journal of Nature Conservation 16, pp. 44-55.

King, A. 1989. *Functional anatomy of the syrinx.* In: *Form and Function in Birds.* Ed. King, A. & McClelland J. Pp. 105-191. Elsevier Academic Press, London. Original no consultado extraído de [Marler & Slabbekoorn. 2004]

Kociolek, A. Clevenger, A. St. Clair, C. & Proppe, D. 2011. *Effects of road networks on birds populations.* Conservation Ecology 25 (2), pp. 241 – 249.

Landeros, M. 2011. *Muerte de aves pudo haber sido causada por ruido.* Sección Sociedad, Diario El Universal, México D.F, Estados Unidos Mexicanos. Disponible en http://www.eluniversal.com.mx/notas/735061.html. Enero 5, 2011.

Lohr, B. Wright, T. Dooling, R. 2003. *Detection and discrimination of natural calls in masking noise by birds: Estimating the active space signal.* Animal Behaviour 65: 763-777.

Marler, P. & Slabbekoorn, H. 2004. *Nature's Music: The Science of Birdsong.* San Diego, California, United States of America. Elsevier Academic Press, California. 2004.

Martin, M. 2006. *Manual del Ruido.* Departamento de Construcción Arquitectónica de la Universidad de Las Palmas de Gran Canaria, Islas Canarias. Vol. 4. 2006.

Martin, M. & Grijota, J. 2014. *Tratamiento del impacto del ruido sobre la fauna en la Evaluación de Impacto Ambiental.* 45° Congreso Español de Acústica TecniAcústica. Murcia, España. Octubre, 2014.

Martínez, J. Ferri, M. Alba, J. Ramis, J. & García, J. 2002. *Evaluación acústica medioambiental del parque eólico "La Cuerda".* Forum Acusticum. Sevilla, España.

MATLAB. 2013. Matrix Laboratory. *MATLAB R2013b.* Versión 8.2.0.701. The MathWorks, Inc.

Mendes, S. Cavalcante, K. Colino-Rabal, V. & Peris, S. 2010. *Evaluación del impacto de la contaminación acústica en el rango de vocalización de Paseriformes basado en el SIL-"Speech Interference Level".* Revista de Acústica, 41 (3 y 4), pp. 33 – 41.

Mendes, S. Colino-Rabanal, E. & Salvador, P. 2011. *Diferencias en el canto de la Ramona común (Troglodytes musculus) en ambientes con distintos niveles de influencia humana.* Hornero 26 (2), pp. 85-93

McGregor, P. *Animal communication network.* Cambridge University Press. Cambrigde, United Kingdom. Ed. McGregor PK. Original no consultado citado de [Farina. 2004]

MINSEGPRES. 1994. Ministerio Secretaría General de la Presidencia. *Aprueba Ley sobre Bases Generales del Medio Ambiente.* Ley N° 19.300. Publicada en Diario Oficial en Marzo 9, 1994.

MINSEGPRES. 2010. Ministerio Secretaría General de la Presidencia. *Crea el Ministerio, el Servicio de Evaluación Ambiental y la Superintendencia de Medio Ambiente.* Ley N° 20417. Publicada en Diario Oficial en Enero 26, 2010.

Miyara. F. 1999. *Modelización del Ruido de Tránsito Automotor.* Universidad Austral de Chile. Valdivia, Chile. Curso impartido en la Universidad en el marco del Congreso INGEACUS 1999, 5ta jornada de Estudiantes de Ingeniería Acústica. Valdivia, Chile.

MMA. 2011. Ministerio del Medio Ambiente. *Norma de emisión de ruidos generados por fuentes que indica.* Norma Decreto Supremo N° 38. Publicada en Diario Oficial en Junio 12, 2012.

MMA. 2012. Ministerio del Medio Ambiente. *Aprueba Reglamento del Sistema de Evaluación de Impacto Ambiental.* Norma Decreto Supremo N° 40. Publicada en Diario Oficial en Agosto 12, 2013.

Moreira, S. 2001. *Estudio preliminar del efecto del ruido sobre la calidad del hábitat de aves, en la zona del predio Pantanillo, VII Región.* Memoria para optar al título profesional de Ingeniero Forestal. Santiago, Universidad de Chile, Facultad de Ciencias Forestales.

Mosquera, G. 2003. *Base de datos de niveles de ruido de equipos que se usan en la Construcción, para Estudios de Impacto Ambiental.* Tesis de grado para optar al título profesional de Ingeniero Acústico. Valdivia, Universidad Austral de Chile, Facultad de Ciencias de la Ingeniería.

Nemeth, E. & Brumm, H. 2009. *Blackbirds sing higher-pitched songs in cities: adaptation to habitat acoustics or side-effect of urbanization.* Animal Behaviour, 78, pp. 637 -641.

NPS. 2014. National Park Service. *Natural Sounds and Night Services.* U.S. Department of the Interior. Washington D.C, United States of America. Disponible en sitio web: http://www.nature.nps.gov/sound_night/. [Consultado en Diciembre 11. 2014]

Parris, K. & Schneider, A. 2009. *Impacts of traffic noise and traffic volume on birds on roadside habitat.* Ecology and Society 14: art 29.

Pascual, J. 2012. *Adaptación al ruido urbano: Estrategias comunicativas de una comunidad de aves en los alrededores del aeropuerto de Barajas.* Tesis presentada para optar al grado de Máster en Ecología, Universidad Autónoma y Complutense de Madrid, España.

Pedersoli, S. Machimbarena, M. & Sorribas, R. 2012. *El ayer y el hoy en la precisión de los estudios acústicos de parques eólicos.* VIII Congreso Ibero-americano de Acústica. Évora, Portugal. Octubre, 2012.

Páez, S. 1991. *El ruido en la ciudad, gestión y control.* Sociedad Española de Acústica. Madrid, España.

Popper, A & Hawkins, A. 2012. *The Effects of Noise on Aquatic Life.* Advanced in Experimental Medicine and Biology Vol. 730, Springer Science+Business Media.

Potvin, D., Parris, K. & Mulder, R. 2010. *Geographically pervasive effects of urban noise on frequency and syllable rate of songs and calls in silvereyes (Zosterops lateralis).* Proceedings of the Royal Society B, 278, 2464 – 2469. Original no consultado citado de [Zollinger et al. 2012]

Quezada, R. 2014. Investigación de campo realizada en el marco de esta tesis, mediante entrevista libre. Realizada en Abril - Julio, 2014.

Rabin, L. Coss, R & Owings, D. 2006. *The effect of wind turbines on antipredator behavior in California ground squirrels (Spermophilus beecheyi).* Biological Conservation, 131, pp. 410 – 420.

Ritschard, M. & Brumm, H. 2011. *Effects of vocal learning, phonetics and inheritance on song amplitude in zebra finches.* Animal Behaviour, 82, pp. 1415 – 1422.

Ritschard, M. Laucht, S. Dale, J. Brumm, H. 2011. *Enhanced testosterone levels affect singing motivation but not song structure and amplitude in Bengalese finches.* Physiology & Behaviour, 102, 30 - 35.

SAG. 2012a. Servicio Agrícola y Ganadero. *Guía de evaluación ambiental: Componente Fauna Silvestre.* División de Protección de los Recursos Naturales Renovables. Ministerio de Agricultura.

SAG. 2012b. Servicio Agrícola y Ganadero. *La Ley de Caza y su Reglamento.* División de Protección de los Recursos Naturales Renovables. Subdepartamento Vida Silvestre. Ministerio de Agricultura.

SAG. 2013. Servicio Agrícola y Ganadero. *Pauta de evaluación ambiental Proyectos Lineales.* Guías y Manuales. Ministerio de Agricultura.

Sampieri, R. Fernández, C. Baptista, P. 2010. *Metodología de la Investigación.* Quinta edición. México D.F, Estados Unidos Mexicanos. Mc Graw Hill / Interamericana Ed.

Santana, O. 2011. *The effect of anthropogenic noise on Veery singing behavior.* Undergraduate Ecology Research Reports, Cary Institute of Ecosystem Studies, p. 10.

Saunders, J. Duncan, R. Doan, D. & Werner, Y. 2000. *The middle ear of reptiles and birds.* In: *Comparative hearing: Birds and Reptiles.* A.N. Popper (ed). Pp. 13-69. Springer-Verlag New York.

Segués, F. 2007. *Ruido de tráfico: carreteras.* Máster en Ingeniería y Gestión Ambiental 2007/2008. Escuela de Negocios EOI. Madrid, España.

Slabbekoorn, H. & den Boer-Bisser, A. (2006). *Cities change the song of birds.* Current Biology 16, pp. 2326-2331.

Slabbekorn, H. & Peet, M. 2003. *Birds sing at a higher pitch in urban noise.* Nature 424, p. 267.

Slabbekoorn, H. & Ripmeester, E. 2008. *Birdsong and anthropogenic noise: implications and applications for conservation.* Molecular Ecology, 17, pp. 72-83.

Slater, P. 1983. *The Study of Communication.* Animal Behaviour 2, pp. 9-42. Original no consultado citado de [Catchpole & Slater. 2008].

Soto-Gamboa, M. Bartheld, J. Moreno-Gómez, F. & Silva, C. 2011. *Efectos del ruido de tráfico aéreo sobre el ensamble de aves de matorral de la zona central de Chile.* IX Congreso de Ornitología Neotropical, Cuzco, Perú. Noviembre, 2011.

Soto-Gamboa, M. 2014. Investigación de campo realizada en el marco de esta tesis, mediante entrevista libre. Realizada en Agosto – Enero (2015).

Steinberg. 2009. *Cubase 5, Advanced Music Production System.* Versión 5.1.0. Mayo 27, 2009.

Stone, E. 2000. *Separating the noise from the noise: a finding in support of the "Niche Hypothesis" that birds are influenced by human-induced noise in natural habitats.* Anthrozoos, 13, pp. 225-331.

Suárez, E. 2004. *Apuntes Curso de Acústica Ambiental ACUS 250*. Capítulo 1: Introducción a la Acústica Ambiental. Instituto de Acústica Universidad Austral de Chile. Valdivia, Chile. Pp. 1-23.

Suárez, E. 2014. *Ingeniero explica por qué Santiago es una de las ciudades más ruidosas de Chile*. Entrevista programa radial GPS de Radio Cooperativa. Disponible en sitio web: http://www.acusticauach.cl/?page_id=989. [Consultado en Noviembre 19, 2014].

Uribe, Y. 2013. *Variación del canto del Chincol (Zonotrichia Capensis) dentro de un gradiente de urbanización: Efectos del ruido ambiente y de la abundancia local*. Seminario de Graduación para optar al grado de Licenciado en Ciencias Biológicas. Valdivia, Universidad Austral de Chile. Facultad de Ciencias.

Ward, S. Speakman, J. & Slater, P. 2003. *The energy cost of song in the canary Serinus canaria*. Animal Behaviour, 66, pp. 893 - 902.

Warren, P. Katti, M. Ermann, M. & Brazel, A. 2006. *Urban bioacoustics: it's not just noise*. Animal Behaviour, 71, pp. 491 – 502.

Wood, W. & Yezerinac, S. 2006. *Song sparrow (Melospiza melodia) song varies with urban noise*. The Auk, 123 (3), pp. 650 – 659.

WHO. 1999. World Health Organization. *Guidelines for Community Noise*. Editado por Birgitta Berglund, Thomas Lindvall, Dietrich Schwela. Disponible en sitio web: http://www.who.int/docstore/peh/noise/guidelines2.html. [Consultado en Noviembre, 16. 2014]

XC. 2014. Xeno-Canto Foundation. *Compartiendo cantos de aves de todo el mundo*. Amsterdam, Países Bajos. Disponible en Sitio web: http://www.xeno-canto.org/. [Consultado desde Agosto a Octubre, 2014].

Zollinger, S. Podos, J. Nemeth, E. Goller, F. & Brumm, H. 2012. *On the relationship between, and measurement of, amplitude and frequency in birdsong*. Animal Behaviour, 84, pp. e1 – e9.

yes
I want morebooks!

Buy your books fast and straightforward online - at one of world's fastest growing online book stores! Environmentally sound due to Print-on-Demand technologies.

Buy your books online at
www.morebooks.shop

¡Compre sus libros rápido y directo en internet, en una de las librerías en línea con mayor crecimiento en el mundo! Producción que protege el medio ambiente a través de las tecnologías de impresión bajo demanda.

Compre sus libros online en
www.morebooks.shop

KS OmniScriptum Publishing
Brivibas gatve 197
LV-1039 Riga, Latvia
Telefax: +371 686 204 55

info@omniscriptum.com
www.omniscriptum.com

Printed by Books on Demand GmbH, Norderstedt / Germany